"环境经济核算丛书" 编委会

主　编：王金南

副主编：於　方　马国霞

成　员（以姓氏笔画排序）：

王义飞　田　超　朱文泉　刘春艳

齐　霁　李华友　杨威杉　吴文俊

吴春生　吴　琼　何立环　张天柱

张衍燊　张　颖　张德强　周　囝

周夏飞　周　颖　赵学涛　高敏雪

曹国志　崔丽娟　彭　菲　董广霞

敬　红　蒋洪强　景立新　傅德黔

"十一五"国家重点图书出版规划

环 境 经 济 核 算 丛 书

中国环境经济核算研究报告 2017—2018

Chinese Environmental and Economic
Accounting Report 2017‒2018

彭 菲 於 方 马国霞 等 著

中国环境出版集团·北京

图书在版编目（CIP）数据

中国环境经济核算研究报告. 2017—2018/彭菲等著.
—北京：中国环境出版集团，2022.2
（环境经济核算丛书）
ISBN 978-7-5111-4579-6

Ⅰ．①中… Ⅱ．①彭… Ⅲ．①环境经济—经济核算—
研究报告—中国—2017—2018 Ⅳ．①X196

中国版本图书馆 CIP 数据核字（2020）第 263624 号

出 版 人　武德凯
策　　划　陈金华
责任编辑　陈金华
文字编辑　史雯雅
责任校对　任　丽
封面设计　彭　杉

出版发行　**中国环境出版集团**
　　　　　（100062　北京市东城区广渠门内大街 16 号）
　　　　　网　　址：http://www.cesp.com.cn
　　　　　电子邮箱：bjgl@cesp.com.cn
　　　　　联系电话：010-67112765（编辑管理部）
　　　　　发行热线：010-67125803，010-67113405（传真）
印　　刷　北京建宏印刷有限公司
经　　销　各地新华书店
版　　次　2022 年 2 月第 1 版
印　　次　2022 年 2 月第 1 次印刷
开　　本　787×960　1/16
印　　张　9.5
字　　数　160 千字
定　　价　45.00 元

中国环境出版集团郑重承诺：
中国环境出版集团合作的印刷单位、材料单位均具有中国环境标志产品认证。

以科学和宽容的态度对待"绿色GDP"核算

（代总序）

　　自 1978 年改革开放以来，中国的 GDP 以平均每年 9.8% 的高速度增长，创造了现代世界经济发展的奇迹。但是，西方近 200 年工业化产生的环境问题也在中国近 20 年间集中爆发了，环境污染正在损耗中国经济社会赖以发展的环境资源家底，社会经济的可持续发展面临着前所未有的压力。严峻的生态环境形势给我们敲响了警钟：模仿西方工业化的模式，靠拼资源、牺牲环境发展经济的老路是走不通的。在这种形势下，中国政府高屋建瓴、审时度势，提出了坚持以人为本，全面、协调、可持续的科学发展观。以科学发展观统领社会经济发展，走可持续发展道路。

（一）

　　实施科学发展亟待解决的一个关键问题是，如何从科学发展观的角度，对人类社会经济发展的历史轨迹、经济增长的本质及其质量做出科学的评价？国内生产总值（Gross Domestic Product，GDP）作为国民经济核算体系（SNA）中最重要的总量指标，被世界各国普遍采用以衡量国家或地区经济发展总体水平。然而传统的国民经济核算体系，特别是作为主要指标的 GDP 已经不能如实、全面地反映人类社会经济活动对自然资源的消耗和生态环境的恶化状况，这样必然会导致经济发展陷入高耗能、高污染、高浪费的粗放型发展误区，从而对人类社会的可持续发展产生负面影响。为此，20 世纪 70 年代以来，一些国外学者开始研究修改传统的国民经济核算体系，提出了绿色 GDP 核算、绿色国民经济核算、综合环境经济核算等概念。一些国家和政府组织逐步开展了绿色 GDP 账户体系的研究和试算工作，并取得了一定的进展。在这期间，中国学者也做了一些开拓性的基础性研究。

　　中国在政府层面上开展绿色 GDP 核算有其强烈的政治需求。这也是中国独特的社会政治制度、干部考核制度和经济发展模式所决定的。时任总书记胡锦涛在 2004 年中央人口资源环境工作座谈会上指出："要研究绿色国民经济核算方法，探索将发展过程中的资源消耗、环境损失和环境效益纳入经济发展水平的评价体系，建立和维护人与自然相对平衡的关系。"2005 年，国务院《关于落实科学发展观 加强环境保护的决定》中强调：要加快推进绿色国民经济核算体系的研究，建立科学评价发展与环境保护成果的机制，完善经济发展评价体系，将环境保护纳入地方政府和领导干部考核的重要内容。2007 年，胡锦涛总书记在党的十七大报告中指出，我国社会经济发展中面临的突出问题就是"我国经济增长的资源环境代价过大"。2012 年，胡锦涛总书记在党的十八大报告中又指出，要"把资源消耗、环境损害、生态效益纳入经济社会发展评价体系，建立体现生态文明要求的目标体系、考核办法、奖惩机制"。所有这些都说明了开展和继续探索绿色 GDP 核算的现实需求，要求有关部门和研究机构从区域和行业出发，从定量货币化的角度去核算发展的资源环境代价，告诉政府和老百姓"过大"的资源环境代价究竟有多大。

在这样一个历史背景下，国家环境保护总局和国家统计局于 2004 年联合开展了"综合环境与经济核算（绿色 GDP）研究"项目。由国家环境保护总局环境规划院、中国人民大学、国家环境保护总局环境与经济政策研究中心、中国环境监测总站等单位组成的研究队伍承担了这一研究项目。2004 年 6 月 24 日，国家环境保护总局和国家统计局在杭州联合召开了"建立中国绿色国民经济核算体系"国际研讨会，国内外近 200 位官员和专家参加了研讨会，这是中国绿色 GDP 核算研究的一个重要里程碑。2005 年，国家环境保护总局和国家统计局启动并开展了 10 个省（区、市）的绿色 GDP 核算研究试点和环境污染损失的调查。此后，绿色 GDP 成了当时中国媒体一个脍炙人口的新词和热点议题。这些足以证明社会各界对绿色 GDP 的关注和期望。

（二）

2006 年 9 月 7 日，国家环境保护总局和国家统计局两个部门首次发布了中国第一份绿色国民经济核算研究报告——《中国绿色国民经济核算研究报告 2004》，这也是国际上第一个由政府部门发布的绿色 GDP 核算报告，标志着中国的绿色国民经济核算研究取得了阶段性和突破性的成果。2006 年 9 月 19 日，全国人大环境与资源保护委员会还专门听取了项目组关于绿色 GDP 核算成果的汇报。目前，以生态环境部环境规划院为代表的技术组已经完成了 2004—2018 年共 15 年的全国环境经济核算研究报告。在这期间，世界银行援助中国开展了"建立中国绿色国民经济核算体系"项目，加拿大和挪威等国家相继与国家统计局开展了中国资源环境经济核算合作项目。中国的许多学者、研究机构、高等学校也开展了相应的研究，新闻媒体也对绿色 GDP 倍加关注，出现了大量有关绿色 GDP 的研究论文和评论，绿色 GDP 成为近几年的一个社会焦点和环境经济热点，但也有一些媒体对绿色 GDP 核算给予了过度的炒作和过高的期望。总体来看，在有关政府部门和研究机构的共同努力下，中国绿色国民经济核算研究取得了可喜的成果，同时，这项开创性的研究实践也得到了国际社会的高度评价。在第一份中国绿色国民经济核算研究报告发布之际，国外主要报刊都对中国绿色 GDP 核算报告发布进行了报道。国际社会普遍认为，中国开展绿色 GDP 核算试点是最大发展中国家在这个领域进行的有益尝试，也展现了中国敢于承担环境责任的大国形象，敢于面对问题、解决问题的勇气和决心。

2004 年度中国绿色 GDP 核算研究报告的成功发布得到了国内外对中国绿色 GDP 项目的热烈喝彩，但后续 2005 年度研究报告的"流产"也受到了一些官员和专家的质疑。一些官员对绿色 GDP 避而不谈甚至"谈绿色变"，认为绿色 GDP 的说法很不科学，也没有国际标准和通用的方法。特别是 2007 年年初环境保护部门与统计部门的纷争似乎表明，中国绿色 GDP 核算项目已经"寿终正寝"。但是，现实的情况是绿色 GDP 核算研究没有"夭折"，国家统计局正在尝试建立中国资源环境核算体系，在短期内，可以填补绿色核算的缺位，长期则可以为未来实施绿色核算奠定基础。

从概念的角度来看，绿色 GDP 的确是媒体、社会的一种简化称呼。绿色 GDP 核算不等于绿色国民经济核算。绿色国民经济核算提供的政策信息要远多于绿色 GDP 本身包含的信息。科学的、专业的说法应该称作"绿色国民经济核算"或者国际上所称的"综合环境与经济核算"。但我们没有必要苛求公众去厘清这种概念的差异，公众喜欢叫"绿色 GDP"没有什么不好。这就像老百姓一般都习惯叫"GDP"一样，而没有必要让老百姓去理解"国民经济核算体系"。在国际层面，联合国统计司（UNSD）于 1989 年、1993 年、2003 年、2013 年分别发布了《综合环境与经济核算体系》（以下简称 SEEA）4 个版本。2012 年，联合国统计司发布了最新的 SEEA，为建立绿色国民经济核算总量、自然资源和污染账户提供了基本框架；欧洲议会于 2011 年 6 月初通过了"超越 GDP"决议和《欧盟环境经济核算法规》，这标志着环境经济核算体系将成为未来欧盟成员国统一使用的统计与核算标准。这些指南专门讨论了绿色 GDP 的问题。因此，"环境经济核算丛书"（以下简称"丛书"）也没有严格区分绿色 GDP 核算、绿色国民经济核算、资源环境经济核算的概念差异。

绿色 GDP 的定义不是唯一的。根据我们的理解，"丛书"所指的绿色 GDP 核算或绿色国民经济核算是在现有国民经济核算体系基础上，扣除资源消耗和环境成本后的 GDP 核算这样一种新的核算体系，是一个逐步发展的框架。绿色 GDP 可以在一定程度上反映一个国家或者地区的真实经济福利水平，也能比较全面地反映经济活动的资源和环境代价。我们的绿色 GDP 核算项目提出的中国绿色国民经济核算框架，包括资源经济核算、环境经济核算两大部分。资源经济核算包括矿物资源、水资源、森林资源、耕地资源、草地资源，等等。环境经济核算主要是环境污染和生态破坏成本核算。这两个部分在传统的 GDP 里扣除之后，就得到我们所称的绿色 GDP。很显然，我们目前所做的核算仅仅是环境污染经济核算，而且是一个非常狭义的、附加很多条件的绿色 GDP 核算。我们从 2008 年开始探索生态破坏损失的核算，从 2010 年开始探索经济系统的物质流核算。即使这样，绿色 GDP 在反映经济活动的资源和环境代价方面，仍然发挥着重要作用。很显然，这种狭义的绿色 GDP 是 GDP 的补充，是依附于现实中的 GDP 指标的。因此，如果有一天，全国都实现了绿色经济和可持续发展，地方政府政绩考核也不再使用 GDP，那么这种非常狭义的绿色 GDP 也都将失去其现实意义。那时，绿色 GDP 将真正地"寿终正寝"。

（三）

从科学的意义上来讲，我们开展的绿色 GDP1.0 版本核算研究最后得到的仅仅是一个"经环境污染和部分生态破坏调整后的 GDP"，是一个不全面的、有诸多限制条件的绿色 GDP，是一个仅考虑部分环境污染和生态破坏扣减的绿色 GDP，与完整的绿色 GDP 还有相当的距离。严格意义上，现有的绿色 GDP 核算只是提出了两个主要指标：一是经虚拟治理成本扣减的 GDP，或者称 GDP 的污染扣减指数；二是环境污染损失占 GDP 的比例。而且，我们第一步核算出来的环境污染损失还不完整，还未包括全部的生态破坏损失、地下水污染损失、土壤污染损失等内容。完全意义上的绿色 GDP 是一项全新的、涉及多部门的工作，既包括资源核算，又包括环境核算，只能由国家统计局组织自然资源和生态环境部门经过长期的努力才能得到，是一个理想的、长期的核算目标。因此，我们要用一种宽容的、发展的眼光去看待绿色 GDP 核算，也希望大家以宽容的态度对待我们的"绿色 GDP"概念。

由于环境统计数据的可得性、时间的限制、剂量-反应关系的缺乏等原因，目前发布的狭义绿色 GDP 核算和环境污染经济核算还没有包括多项损失核算，如土壤和地下水污染损失、噪声和辐射等物理污染损失、污染造成的休闲娱乐损失、室内空气污染对人体健康造成的损失、臭氧对人体健康的影响损失、大气污染造成的林业损失等。水污染对人体健康造成损失的核算方法存在缺陷，基础数据也不支持。这些缺项需要在下一步的研究工作中继续完善。这也是一种我们应该遵循的不断探索研究和不断进步完善的科学态度。但是，即使有这样多的损失缺项核算，已有的非常狭窄的绿色 GDP 核算结果也展示给我们一个发人深省的环境代价图景。2004 年狭义的环境污染损失已经达到 5 118 亿元，占到全国 GDP 的 3.05%。尽管 2004—2018 年环境污染损失占 GDP 的比例每年大体在 3%，但环境污染经济损失绝对量依然在逐年上升，表明全国环境污染恶化的趋势没有得到根本控制。

作为新的核算体系，中国的绿色 GDP 核算体系才刚刚开始建立。除环境污染核算、森林资源核算和水资源核算取得一定成果外，其他部门核算研究还相对滞后，环境核算中的生态破坏核算也刚刚起步。但需要强调的是，这只是一个探索性的研究项目。既然是研究项目，本身就决定了它是探索性的，没有必要非得等到国际上设立一个明确的标准，我们再来开展完整的绿色 GDP 核算。如果有了国际标准，我们就不需要研究了，而是实施操作的问题了。绿色 GDP 核算的启动实施，虽面临着许多技术、观念和制度方面的障碍，但没有这样的核算指标，我们就无法全面衡量我们的真实发展水平，无法用科学的基础数据来支撑可持续发展的战略决策，无法实现对整个社会的综合统筹与协调发展。因此，无论有多少困难和阻力，我们都应当继续研究探索，逐步建立起符合中国国情的绿色 GDP 核算体系。

（四）

《中国绿色国民经济核算研究报告 2004》是迄今为止唯一一份以政府部门名义公开发布的绿色 GDP 核算研究报告。考虑到目前开展的核算研究与完整的绿色 GDP 核算还有相当大的差距，为了科学客观和正确引导起见，从 2005 年开始我们把报告名称调整为"中国环境经济核算研究报告"。到目前为止，我们陆续出版了 2005—2018 年的中国环境经济核算研究报告。这一点也证明了，尽管在制度层面上建立绿色 GDP 核算体系是一个非常艰巨的任务，但从技术层面来看，狭义的绿色 GDP 是可以核算的，至少从研究层面看是可以计算的。之所以至今才公布最新的研究报告，很大原因在于生态环境部门和统计部门在发布内容、发布方式乃至话语权方面都存在着较大分歧，同时也遇到一些地方的阻力。目前开展的绿色 GDP 核算中有两个重要概念，一个是"虚拟治理成本"，另一个是"环境污染损失"。这两个概念与 SEEA 关于绿色 GDP 的核算思路是一致的。虚拟治理成本是指把排放到环境中的污染假设"全部"进行治理所需的成本，这些成本可以用产品市场价格货币化，可以作为中间消耗从 GDP 中扣减，因此我们称虚拟治理成本占 GDP 的百分点为 GDP 的污染扣减指数。这是统计部门和生态环境部门都能够接受的一个概念。而环境污染损失是指排放到环境中的所有污染造成环境质量下降所带来的人体健康、经济活动和生态质量等方面的损失，通过环境价值特定核算方法得到的货币化损失值，通常要比虚拟治理成本高。由于对环境污染损失核算方法的认识存在分歧，我们就没有在 GDP 中扣减污染损失，我们称它为污染损失占 GDP 的比例。这是一种相对科学的、认真的做法，也是一种技术方法上的权衡。

中国绿色 GDP 核算研究报告发布的历程证明，在中国真正全面落实科学发展观并非易事。这样一个政府部门指导下的绿色 GDP 核算研究报告的发布都遇到了来自地方政府的阻力。2006 年第一次发布的绿色 GDP 核算研究报告中，并没有提供全国 31 个省级行政区的核算数据，而只是概括性地列出了东、中、西部的核算情况。这种做法对引导地方充分认识经济发展的资源环境代价起不到什么作用。但是，我们的绿色 GDP 核算是一种自下而上的核算，有各地区和各行业的核算结果。地方对公布全国 31 个省级行政区的研究核算结果比较敏感。2006 年年底，参加绿色 GDP 核算试点的 10 个省级行政区的核算试点工作全部通过了两个部门的验收，但只有两个省级行政区公布了绿色GDP 核算的研究成果，个别试点省级行政区还曾向国家环境保护总局和国家统计局正式发函，要求不要公布分省（区、市）的核算结果。地方政府的这种态度变化以及部门的意见分歧使得绿色 GDP 核算研究报告的发布最终陷入了僵局。目前，许多地方仍然唯 GDP 至上，在这种观念支配下，要在政府层面上继续开展绿色 GDP 核算，甚至建立绿色 GDP 考核指标体系，其阻力之大是可想而知的。

（五）

党的十八大以来，我国提出把资源消耗、环境损害、生态效益等指标纳入经济社会发展评价体系，重视生态文明建设，逐步放弃唯GDP 的考核目标。党的十九大进一步强调加快生态文明体制改革，建设美丽中国，推进绿色发展，着力解决突出环境问题，加大生态系统保护力度，改革生态环境监管体制，践行"绿水青山就是金山银山"的理念，坚持节约资源和保护环境的基本国策，实行最严格的生态环境保护制度。绿色 GDP 核算扣除了经济系统增长的资源环境代价，但并没有把生态系统为经济系统提供的全部生态福祉都进行核算，只做了"减法"，没有做"加法"，无法体现"绿水青山就是金山银山"的绿色理念。

2015 年环境保护部启动了绿色 GDP 2.0 版本，开展了生态系统生产总值（Gross Ecosystem Product，GEP）的核算，对生态系统每年提供给人类的生态福祉全部进行核算，包括产品供给服务、生态调节服务、文化服务 3 个方面。但 GEP 只是从生态系统的角度考虑，单独把生态系统给经济系统提供的福祉全部进行核算，并没有把生态系统和经济系统完全地纳入同一核算体系中。

为把资源消耗、环境损害、生态效益纳入社会经济发展评价体系，项目组在绿色 GDP 1.0 和绿色 GDP 2.0 版本的基础上，进一步提出绿色 GDP 3.0 版本，构建经济生态生产总值（Gross Economic-Ecological Product，GEEP）综合核算指标。GEEP 既考虑了人类活动产生的经济价值，又考虑了生态系统每年给经济系统提供的生态福祉，还考虑了人类为经济系统产生的生态环境代价。即在绿色 GDP 核算的基础上，增加生态系统给人类提供的生态福祉的核算。其中，生态环境的损害主要用人类活动对生态系统的破坏成本和环境退化成本表示，生态系统给人类提供的福祉用 GEP 表示。GEEP 是一个有增有减、有经济有生态的综合指标。GEEP 同时考虑了人类活动和生态环境对经济系统的贡献，纠正了以前只考虑人类经济贡献或生态贡献的片面性。这一指标把"绿水青山"和"金山银山"统一到一个框架体系下，是"绿水青山就是金山银山"理念集成的体现，是践行"绿水青山就是金山银山"理念的重要支撑。与 GDP 相比，GEEP 更有利于实现地区的可持续发展，是相对更为科学的地区绩效考核指标，GEEP 核算是对绿色GDP 核算进一步的完善和提升。

（六）

中国有自己的国情，现在开展的绿色 GDP 核算研究则恰恰是符合中国目前国情的。尽管目前的绿色 GDP 核算研究无论在核算框架、技术方法还是核算数据支持和制度安排方面，都存在这样和那样的众多问题，但是要特别强调的是，这是新生事物，因此请大家要以包容的、宽容的、科学的态度去对待绿色 GDP 核算研究。尽管我们受到了一些压力，但我们依然在继续探索绿色 GDP 的核算，到目前为止也没有停止过研究。更让我们欣慰的是，这项研究得到了全社会关注的同时，也得到了社会的认可和肯定。绿色 GDP 核算研究小组获得了 2006 年绿色中国年度人物特别奖，"中国绿色国民经济核算体系研究"项目成果也获得了 2008 年度国家环境保护科学技术二等奖。根据 2010 年可持续研究地球奖申报、提名和评审结果，可持续研究地球奖评审团授予中国环境规划院 2010 年全球可持续研究奖第二名，以表彰中国环境规划院在环境经济核算方面的杰出成就和贡献。近几年，一些省市（如四川、湖南、深圳等）也继续开展了绿色 GDP 和环境经济核算研究。特别是随着生态文明和美丽中国建设的提出，社会层面上许多官员和学者又继续呼吁建立绿色 GDP 核算体系。

开展绿色国民经济核算研究工作是一项得民心、顺民意、合潮流的系统工程。我们不能因为国际上没有核算标准就裹足不前了。我们不能认为绿色 GDP 核算会影响地方政府的形象，就不公开绿色 GDP 核算的报告了。我们应该鼓励大胆探索研究，让中国在建立绿色国民经济核算"国际标准"方面做出贡献。2007 年 7 月，《中国青年报》社会调查中心与腾讯网新闻中心联合实施的一项公众调查表明：96.4%的公众仍坚持认为"我国有必要进行绿色 GDP 核算"，85.2%的人表示自己所在地"牺牲环境换取 GDP 增长"的现象普遍，79.6%的人认为"绿色 GDP 核算有助于扭转地方政府'唯 GDP'的政绩观"。调查中对于"国际上还没有政府公布绿色 GDP 核算数据的先例，中国也不宜公布"和"绿色 GDP 核算理论和方法都尚不成熟，不宜对外发布"的说法，分别仅有 4.4%和 6.7%的人表示认同。2008 年《小康》杂志开展的一项调查表明，90%的公众认为为了制约地方政府用环境换取 GDP 的冲动，应该公开发布绿色 GDP 核算报告。

但是，无论从绿色 GDP 核算制度和体系角度来看，还是从核算方法和基础角度来看，近期把绿色 GDP 指标作为地方政府政绩考核指标都是不可能的，而且以政府平台发布核算报告也具有一定的局限性。如果把绿色 GDP 核算交给地方政府部门，与一些地方的虚假 GDP 核算一样，可能也会出现虚假的绿色 GDP 核算。因此，建议下一步的绿色GDP 核算或环境经济核算研究报告以研究单位的研究报告方式出版发行，这既能起到一定的补充作用，也是一种比较稳妥、严谨客观、相对科学的做法。这样既可以排除地方政府部门的干扰，保证研究核算结果的公平公正，也能在一定程度上减轻地方政府部门的压力。经过一定时间的研究探索和全面的试点完善，再把绿色 GDP 核算纳入地方政府的官员政绩考核体系中。大家知道，现有的国民经济核算体系也是经过 20 多年摸索才建立起来的，GDP 核算结果也经常受到质疑，也仍处于不断的完善之中。同样，绿色 GDP 核算体系的建立也需要很长的时间，或许是 20 年、30 年，甚至更长的时间。总之，我们都要以科学的、宽容的态度去对待绿色 GDP 核算研究。

（七）

无论是绿色 GDP 1.0 版本的生态环境经济核算，还是绿色 GDP 3.0 版本的 GEEP 核算，都是一项繁杂的系统工程，涉及自然资源、水利、生态环境、农业农村、卫生、住建、统计等多个部门，部门之间的协调合作机制亟待建立。多个部门共同开展工作，合作得好，可以发挥各部门的优势；合作得不好，难免相互掣肘，就难以开展工作，甚至阻碍这项工作的开展。环境核算需要生态环境部门与统计部门的合作，森林资源核算需要林业部门与统计部门的合作。

GEEP 核算是具有探索性和创新性的难事，需要统计部门对资源环境核算体系框架进行把关，建立相应的核算制度和统计体系。因此，在中国的 GEEP 核算以及资源环境经济核算领域，统计部门是责无旁贷的"总设计师"。统计部门应在自然资源、生态环境部门的支持下，在现有 GDP 核算的基础上设立卫星账户，勇敢地在传统 GDP 上做"减法"，真实地在传统 GDP 上做"加法"，核算出传统发展模式和经济增长的资源环境代价和生态系统为经济系统提供的生态福祉，用生态环境核算去展示和衡量科学发展观的落实度。

我们欣喜地看到，尽管国家统计部门对绿色 GDP 核算有不同的看法，但始终没有放弃建立资源环境核算体系的目标，一直致力于建立中国的资源环境经济核算体系。特别是最近几年，国家统计局与水利部、自然资源部联合开展了森林资源核算、水资源核算、矿产资源核算等项目，取得了一些自然资源部门核算的阶段性成果。国家林业和草原局在技术规范和具体核算监测等方面开展了大量的详细研究，先后发布了《森林生态系统服务功能评估规范》(LY/T 1721—2008)、《荒漠生态系统服务评估规范》(LY/T 2006—2012)、《自然资源（森林）资产评价技术规范》(LY/T 2735—2016)、《戈壁生态系统服务评估规范》(LY/T 2792—2017)、《湿地生态系统服务评估规范》(LY/T 2899—2017)、《岩溶石漠生态系统服务评估规范》(LY/T 2902—2017)、《森林生态系统服务功能评估规范》(GB/T 38582—2020) 等规范导则，为 GEEP 核算奠定了坚实的基础。

（八）

绿色 GDP 核算研究是一项复杂的系统政策工程。在取得目前已有成果的过程中，许多官员和专家做出了积极的贡献。出版这样一套丛书，通常的做法是，邀请那些对该项研究做出贡献的官员和专家组成丛书指导委员会和顾问委员会。由于观点分歧、责任分担、操作程序等原因，我们不得不放弃这样一种传统的做法。但是，我们依然十分感谢这些官员和专家的贡献。在这些官员中，国家统计局原局长李德水、马建堂、宁吉喆，原副局长许宪春，原司长彭志龙等对推动绿色 GDP 核算研究做出了积极的贡献。原环境保护部潘岳副部长是绿色 GDP 的倡议者，对传播绿色 GDP 理念和推动核算研究做出了特殊的贡献。毫无疑问，没有这些政府部门领导的指导和支持，中国的绿色 GDP 核算研究就不可能取得目前的成果。在此，我们要特别感谢生态环境部翟青副部长、赵英民副部长、庄国泰副部长、徐必久司长、别涛司长、邹首民司长、刘炳江司长、刘志全司长、尤艳馨巡视员、宋小智巡视员、夏光巡视员、李春红副巡视员、房志处长、贾金虎处长、赖晓东处长、陈默调研员、刘春艳调研员，原国家环境保护总局王玉庆副局长，原国家环境保护局张坤民副局长，原环境保护部周建副部长、杨朝飞总工程师、朱建平司长、刘启风巡视员、赵建中副巡视员、原环境保护部环境规划院洪亚雄院长、吴舜泽副院长，中国环境监测总站原站长魏山峰，原环境保护部外经办王新处长和谢永明高工等人做出的贡献。我们要特别感谢国家统计局对绿色国民经济核算研究的有力支持，感谢文兼武司长、王益煊副司长、李锁强副总队长等人对绿色国民经济核算项目的指导和支持，正是由于国家统计局的不懈努力，中国的资源环境核算研究才得以继续前进。我们要特别感谢全国人大环境与资源保护委员会、国家发展改革委、科技部、原国土资源部、原国家林业局、水利部等部门对绿色 GDP 核算项目的支持、关注和技术咨询。

我们要特别感谢绿色 GDP 核算的研究小组，其中包括来自 10 个试点省级行政区的研究人员。我们庆幸有这样一支跨部门、跨专业、跨思想的研究队伍，在前后近 4 年的时间里开展了真实而富有效率的调查和研究。尽管我们有时也为核算技术问题争论得面红耳赤，但我们大家一起克服种种困难和压力，圆满完成了绿色 GDP 核算研究任务。我们要特别感谢开展绿色 GDP 核算试点研究的北京、天津、重庆、广东、浙江、安徽、四川、海南、辽宁、河北 10 个省级行政区以及湖北省神农架林区的生态环境和统计部门的所有参加人员。他们与我们一样经历过欣喜、压力、辛酸和无奈。他们是中国开展绿色 GDP 核算研究的第一批勇敢的实践者和贡献者。尽管在此不能一一列出他们的名字，但正是他们出色的试点工作和创新贡献才使得中国的绿色 GDP 核算取得了这样丰富多彩的成果，从而为全国的绿色 GDP 核算提供了坚实的基础和技术方法的验证。

在绿色 GDP 核算研究项目过程中，始终有一批专家学者对绿色 GDP 核算研究给予高度的关注和支持，他们积极参与了核算体系框架、核算技术方法、核算研究报告等咨询、论证和指导工作，对我们的核算研究工作也给予了极大的鼓励。有些专家对绿色 GDP 核算提出了不同的、有益的、反对的意见，但正是这些不同意见使得我们更加认真谨慎和保持头脑清醒，更加客观科学地去看待绿色 GDP 核算问题。毫无疑问，这些专家对绿色 GDP 核算的贡献不亚于那些完全支持绿色 GDP 核算的专家的贡献。这方面的专家主要有中国科学院牛文元教授、李文华院士和冯宗炜院士，中国环境科学研究院刘鸿亮院士和王文兴院士，原环境保护部金鉴明院士，中国环境监测总站魏复盛院士和景立新研究员，中国林业科学研究院王涛院士，中国社会科学院郑易生教授、齐建国研究员和潘家华教授,国务院发展研究中心周宏春研究员和林家彬研究员,中国科学院生态环境研究中心欧阳志云研究员,中国科学院地理科学与资源研究所谢高地研究员,中国海洋石油总公司邱晓华研究员,中国人民大学刘伟校长和马中教授,北京大学萧灼基教授、叶文虎教授、潘小川教授和张世秋教授,清华大学魏杰教授、齐晔教授和张天柱教授,国家宏观经济研究院曾澜研究员、张庆杰研究员和解三明研究员,中日友好环境保护中心任勇主任,能源基金会(美国)北京办事处邹骥总裁,中国农业科学院姜文来研究员,中国科学院王毅研究员和石敏俊研究员,北京林业大学张颖教授,中国环境科学研究院孙启宏研究员,中国林业科学研究院江泽慧教授、卢崎研究员和李智勇研究员,中国疾病预防控制中心白雪涛研究员,国家信息中心杜平研究员,国家林业和草原局戴广翠巡视员,中国水利水电科学研究院甘泓研究员和陈韶君研究员,中华经济研究院萧代基教授,同济大学诸大建教授和蒋大和教授,北京师范大学杨志峰院士和毛显强教授。在此,我们要特别感谢这些专家的智慧点拨、专业指导以及中肯的意见。

中国绿色 GDP 核算研究也得到了国际社会的高度关注。世界银行、联合国统计司、联合国环境规划署、联合国亚太经社会、经济合作与发展组织、欧洲环境局、亚洲开发银行、美国未来资源研究所、世界资源研究所等都积极支持中国绿色 GDP 核算的工作,核算技术组与加拿大、德国、挪威、日本、韩国、菲律宾、印度、巴西等国家的统计部门和环境部门开展了很好的交流与合作。

中国环境出版集团陈金华女士对"丛书"的出版付出了很大的心血,精心组织"丛书"的选题和编辑工作。同时,"丛书"的出版得到了原环境保护部环境规划院承担的国家"十五"科技攻关"中国绿色国民经济核算体系框架研究"课题、世界银行"建立中国绿色国民经济核算体系"项目以及财政部预算项目"中国环境经济核算与环境污染损失调查"等项目的资助。在此,对生态环境部环境规划院和中国环境出版集团的支持表示感谢。最后,对"丛书"中引用参考文献的所有作者表示感谢。

(九)

中国绿色 GDP 核算的研究和试点在规模和深度上是前所未有的。虽然许多国家在绿色核算领域已经做了不少工作,但是由于绿色核算在理论和技术上仍有不少问题没有解决，至今没有一个国家和地区建立了完整的绿色国民经济核算体系，只是个别国家和地区开展了案例性、局部性、阶段性的研究。"丛书"是中国绿色 GDP 核算项目理论方法和试点实践的总结，无论在绿色核算的技术方法上还是在指导绿色核算的实际操作上，在国内都填补了空白，在国际层面上也具有一定的参考价值。

然而，我们必须清醒地认识到，绿色国民经济核算体系是一个十分复杂而崭新的系统工程，目前我们取得的成绩仅是绿色核算"万里长征"的第一步，在理论上、方法上和制度上还存在许多不足和难点需要我们去不断攻克。我们必须充分认识建立绿色国民经济核算体系的难度，科学严谨、脚踏实地、坚持不懈地去研究建立环境经济核算的体系和制度，最终为全面落实和贯彻科学发展观提供环境经济评价工具，为建立世界的绿色国民经济核算体系做出中国的贡献。

为了使"丛书"更加科学、客观、独立地反映绿色 GDP 核算研究成果，"丛书"编辑时没有要求每册的选题目标、概念术语、技术方法保持完全的一致性，而是允许"丛书"各册具有相对的独立性和可读性。近几年来我们把环境经济核算的最新研究成果陆续加入"丛书"中，让更多的人了解并加入探索中国环境经济核算的队伍中。由于时间限制和水平有限，"丛书"难免存在各种错误或不当之处，我们欢迎读者与我们联系（邮箱：wangjn@caep.org.cn），提出批评、给予指正。我们期望与大家一起以一种科学和宽容的态度去对待绿色 GDP 核算，与大家一起继续探索中国的绿色 GDP 核算体系。我们也相信，随着生态文明和美丽中国建设的推进，绿色 GDP 核算正在成为一个科学发展观的有效评价体系。

王金南

首记于 2009 年 2 月 1 日，再记于 2020 年 10 月 20 日

前　言

GDP 作为考察宏观经济的重要指标，是对一国总体经济运行表现做出的概括性衡量。但现行的国民经济核算体系有一定的局限性：一是它没有反映经济增长的资源环境代价；二是不能反映经济增长的效率、效益和质量；三是没有完全反映生态系统对经济增长的贡献度和带来的福祉，没有包括经济增长的全部社会成本；四是不能反映社会财富的总积累以及社会福利的变化。

为此，国际上从 20 世纪 70 年代开始研究建立绿色国民经济核算体系，它在传统的 GDP 核算体系中扣除自然资源耗减成本和污染损失成本，以期更加真实地衡量经济发展成果和国民经济福利。联合国统计司（UNSD）于 1989 年、1993 年、2003 年和 2013 年先后发布了 4 个不同版本的《综合环境与经济核算体系》（SEEA），为建立绿色国民经济核算总量、自然资源和污染账户提供了基本框架。本课题组遵从 SEEA 框架体系，2006—2018 年，持续开展绿色 GDP1.0（Green Gross Domestic Product，GGDP）研究，定量核算我国经济发展的生态环境代价，完成了 2004—2018 年共 14 年的年度环境经济核算报告，有力地推动了我国绿色国民经济核算体系研究。

目前，我国非常重视生态文明建设，逐步放弃唯 GDP 考核目标。党的十八大提出把资源消耗、环境损害、生态效益等指标纳入经济社会发展评价体系，党的十九大进一步强调加快生态文明体制改革，建设美丽中国，推进绿色发展，着力解决突出环境问题，加大生态系统保护力度，改革生态环境监管体制，践行"绿水青山就是金山银山"的理念，坚持节约资源和保护环境的基本国策，实行最严格的生态环境保护制度。绿色 GDP 核算扣除了经济系统增长的资源环境代价，但并没有把生态系统为经济系统提供的全部生态福祉都进行核算，只做了"减法"，没有做"加法"，无法体现"绿水青山就是金山银山"的绿色理念。

2015 年环境保护部启动了绿色 GDP2.0 版本，开展了生态系统生产总值（GEP）的核算，对生态系统每年提供给人类的生态福祉进行全部核算，包括产品供给服务、生态调节服务、文化服务 3 个方面。但 GEP 只是从生态系统的角度考虑，单独把生态系统给经济系统提供的福祉全部进行核算，并没有把生态系统和经济系统完全地纳入同一核算体系中。为把资源消耗、环境损害、生态效益纳入社会经济发展评价体系，本书在绿色 GDP1.0 和绿色 GDP2.0 版本的基础上，构建经济生态生产总值（GEEP）综合核算指标。GEEP 既考虑了人类活动产生的经济价值，又考虑了生态系统每年给经济系统提供的生态福祉，还考虑了人类为经济系统付出的生态环境代价。GEEP 是一个有增有减、有经济有生态的综合指标。GEEP 同时考虑了人类活动和生态环境对经济系统的贡献，纠正了以前只考虑人类经济贡献或生态贡献的片面性。这一指标把"绿水青山"和"金山银山"统一到一个框架体系下，是"绿水青山就是金山银山"理念的集成，是践行"绿水青山就是金山银山"理念的重要支撑。与 GDP 相比，GEEP 更有利于实现地区可持续发展，是相对更为科学的地区绩效考核指标。

经核算，2017 年和 2018 年我国 GEEP 分别为 141.8 万亿元和 149.6 万亿元，2018 年比 2017 年增加 5.5%。其中，2018 年生态环境成本比 2017 年增加了 1.02%。生态系统生态调节服务为 61.1 万亿元，比 2015 年增长了 1.72%。生态损失成本方面，2017 年和 2018 年生态损失成本增速下降，低于 GDP 增速。但河北、山东、江苏、河南、广东、浙江等人口和经济相对集聚的省级行政区，其环境污染损失成本仍相对较高。虽然我国西部地区生态环境退化成本相对较低，但生态环境退化成本的增速快，生态环境退化指数高。GEP 方面，湿地和森林提供的 GEP 价值量大，2017 年和 2018 年湿地生态系统服务价值所占比例分别为 67.3% 和 66.3%，森林生态系统所占比例分别为 13.3% 和 12.9%。从区域来看，我国 GEP 较高的省级行政区包括青藏高原的西藏和青海、东北地区的黑龙江、华北地区的内蒙古、华南地区的广东和西南地区的四川。除此之外，西北地区的新疆、华中地区的湖南和湖北的 GEP 也都相对较高。从绿金指数（GEP 与 GDP 的比值）来看，西藏和青海绿金指数较高，比值均在 10 以上。

党的十九大报告提出，中国特色社会主义进入新时代，我国社会主要矛盾已经转化为人民日益增长的美好生活需要和不平衡不充分的发展之间的矛盾。我国经济发展不平衡，区域之间经济差异大。2017年和 2018 年基于 GEEP 计算的区域基尼系数均为 0.49，比基于 GDP 计算的区域基尼系数小 0.02。由此可见，GEEP 是 "金山银山" 和 "绿水青山" 的综合反映，有利于缩小区域差距。基于 GEEP 的省级行政区排名和基于 GDP 的省级行政区排名差距较大，除了江苏、山东、广东、湖北 4 个省级行政区的排序没有变化外，其他省级行政区的排序都有所变化。GEEP 排名比 GDP 排名降低幅度大的省级行政区主要有北京、上海、河北、天津、陕西、河南等。内蒙古、黑龙江、云南、青海、西藏等省级行政区是我国重要的生态功能区，生态面积大，生态功能突出。这些省级行政区 GEEP 的核算结果都远高于其GDP，GEEP 排名比 GDP 排名有较大幅度的上升。

目 录

第一部分　中国经济生态生产总值核算研究报告 2017

第二部分 中国经济生态生产总值核算研究报告 2018

第一部分
中国经济生态生产总值
核算研究报告
2017

（陈金华　摄影）

第1章
引言

GDP 是考察宏观经济的重要指标，是对一国总体经济运行表现做出的概括性衡量。但现行的国民经济核算体系有一定的局限性：①它没有反映经济增长的资源环境代价；②不能反映经济增长的效率、效益和质量；③没有完全反映生态系统对经济增长的贡献度和带来的福祉，没有包括经济增长的全部社会成本；④不能反映社会财富的总积累以及社会福利的变化。

为此，国际上从 20 世纪 70 年代开始研究建立绿色国民经济（以下简称绿色 GDP）核算体系，它在传统的 GDP 核算体系中扣除自然资源耗减成本和污染损失成本，以期更加真实地衡量经济发展成果和国民经济福利。UNSD 于 1989 年、1993 年、2003 年和 2013 年先后发布了四个不同版本的 SEEA，为建立绿色 GDP 核算总量、自然资源和污染账户提供了基本框架。本课题组遵从 SEEA 框架体系，2006—2017 年，持续开展绿色 GDP1.0（GGDP）研究，定量核算我国经济发展的生态环境代价，完成了 2004—2017 年共 14 年的年度环境经济核算报告，有力地推动了我国绿色 GDP 核算体系研究。

目前，我国非常重视生态文明建设，逐步放弃唯 GDP 考核目标。党的十八大提出把资源消耗、环境损害、生态效益等指标纳入经济社会发展评价体系。党的十九大进一步强调加快生态文明体制改革，建设美丽中国，推进绿色发展，着力解决突出环境问题，加大生态系统保护力度，改革生态环境监管体制，践行"绿水青山就是金山银山"的理念，坚持节约资源和保护环境的基本国策，实行最严格的生态环境保护制度。绿色 GDP 核算扣除了经济系统增长的资源环境代价，但并没有把生态系统为经济系统提供的全部生态福祉都进行核算，只做了"减法"，没有做"加法"，无法体现"绿水青山就是金山银山"的绿色理念。

2015 年环境保护部启动了绿色 GDP2.0 版本，开展了 GEP 的核算，对生态系统每年提供给人类的生态福祉全部进行核算，包括产品供给服务、生态调节服务、文化服务 3 个方面。但 GEP 只是从生态系统的角度考虑，单独把生态系统给经济系统提供的福祉全部进行核算，并没有把生态系统和经济系统完全地纳入同一核算体系中。为把资源消耗、环境损害、生态效益纳入社会经济发展评价体系，本书在绿色 GDP1.0 和绿色 GDP2.0 版本的基础上，构建 GEEP 综合核算指标体系。

GEEP 是在经济系统生产总值的基础上，考虑人类在经济生产活动中对生态环境的损害和生态系统给经济系统带来的福祉。GEEP 既考虑了人类活动产生的经济价值，又考虑了生态系统每年给经济系统提供的生态福祉，还考虑了人类为经济系统付出的生态环境代价。GEEP 是一个有增有减、有经济有生态的综合指标。GEEP 同时考虑了人类活动和生态环境对经济系统的贡献，纠正了以前只考虑人类经济贡献或生态贡献的片面性。这一指标把"绿水青山"和"金山银山"统一到一个框架体系下，是"绿水青山就是金山银山"理念的集成，是践行"绿水青山就是金山银山"理念的重要支撑。与 GDP 相比，GEEP 更有利于实现地区可持续发展，是相对更为科学的地区绩效考核指标。

本书由生态环境部环境规划院完成，环境质量数据由中国环境监测总站和中科院遥感与数字地球研究所提供。感谢生态环境部、国家统计局等部门及中国宏观经济学会等机构的有关领导一直以来对本项研究给予的指导和帮助。

专栏 1-1　2017 年经济生态生产总值核算数据来源

2017 年核算主要以环境统计和环境监测等数据为依据，对 2017 年全国 31 个省级行政区的环境退化成本、生态破坏损失及其占 GDP 的比例，物质流，GEP，GEEP 进行核算。报告基础数据来源包括《中国统计年鉴 2018》《中国城市建设统计年鉴 2018》《中国卫生统计年鉴 2018》《中国农村统计年鉴 2018》《中国矿业年鉴 2018》《中国国土资源年鉴 2018》《中国能源统计年鉴 2018》《中国口岸年鉴 2018》《2008 中国卫生服务调查研究——第四次家庭健康询问调查分析报告》《中国环境状况公报 2018》，以及 31 个省级行政区 2018 年度统计年鉴，环境质量数据由中国环境监测总站提供，全国 10km×10km 网格的 $PM_{2.5}$ 遥感卫星反演浓度数据由中科院遥感与数字地球研究所提供。

　　生态破坏损失核算基础数据主要来源于第八次全国森林资源清查（2009—2013 年）、第二次全国湿地调查（2009—2013 年）、全国 674 个气象站点数据、中国农业科学院 MODIS/NDVI 遥感数据、《中国土壤志》、美国国家航空航天局（NASA）网站数字高程数据、全国草原监测报告、国家价格监测中心、碳排放交易价格、市场调查以及相关研究数据。

　　GEP 核算中，土地利用类型图来源于中国科学院资源科学数据中心（http://www.redc.cn），温度和降水量数据来自中国气象数据网（http://data.cma.cn/），NPP 数据来自美国 NASA EOS/MODIS 2016 年 MOD17 A3 数据集（http://www.ntsg.umt.edu/ project/MOD17），NDVI 数据来源于美国 NASA 的 EOS/MODIS 数据产品（http://e4ftl01. cr.usgs.gov），土壤类型数据来源于中国科学院南京土壤研究所等。

第2章
经济生态生产总值核算框架体系

现有的国民经济核算体系没有考虑经济增长对自然资源和环境的消耗，也没有将生态系统为经济系统提供的生态服务价值纳入核算体系。为把资源消耗、环境损害、生态效益纳入社会经济发展评价体系，践行"绿水青山就是金山银山"的理念，本课题组通过多年关于绿色 GDP 核算体系的理论和实践探索研究，对 GEEP 构建的理论基础、核算框架、核算原则、关键指标等进行深入探讨的基础上，综合绿色 GDP1.0 版本和绿色 GDP2.0 版本的研究体系和核算方法，提出构建 GEEP 综合核算框架体系，并利用构建的 GEEP 核算体系，对 2017 年我国 31 个省级行政区的 GEEP 进行核算应用。与 GDP 相比，GEEP 更有利于实现地区可持续发展，是相对更为科学的地区绩效考核指标。

2.1 经济生态生产总值核算框架

GEEP 的核算是在经济系统生产总值的基础上，考虑人类在经济生产活动中对生态环境的损害和生态系统给经济系统提供的福祉。即在绿色 GDP 核算的基础上，增加生态系统给人类提供的生态福祉。其中，对生态环境的损害主要用人类活动对生态系统的破坏损失和环境退化成本表示，生态系统给人类带来的福祉用 GEP 表示，因 GEP 中的产品供给服务和文化服务价值已在 GDP 中进行了核算，为减少重复，需进行扣除（图 2-1）。GEEP 的概念模型如下：

$$\begin{aligned} GEEP &= GGDP + GEP - (GGDP \cap GEP) \\ &= (GDP - EnDC - EcDC) + (EPS + ERS + ECS) - (EPS + ECS) \\ &= (GDP - EnDC - EcDC) + ERS \end{aligned}$$

（2.1）

式中，GGDP —— 绿色 GDP；

　　　GEP —— 生态系统生产总值；

　　　GGDP∩GEP —— GGDP 与 GEP 的重复部分；

　　　GDP —— 国内生产总值；

　　　EnDC —— 环境退化成本；

　　　EcDC —— 生态破坏损失；

　　　ERS —— 生态系统调节服务；

　　　EPS —— 生态产品供给服务；

　　　ECS —— 生态系统文化服务。

图 2-1　经济生态生产总值核算框架体系

2.2　经济生态生产总值核算指标

　　根据 GEEP 核算框架体系，GEEP 核算的关键指标是生态破坏损失、环境退化成本和生态系统调节服务。这 3 个指标涉及生态、环境、生态环境经济学以及遥感技术应用等多个学科的交叉。如何对生态破坏损失、环境退化成本和 GEP 进行价值量核算，是计算 GEEP 的关键和难点。

2.2.1　环境退化成本核算指标

环境退化成本指排放到环境中的各种污染物对人体健康、农业、生态环境等造成的环境污染损失成本。环境退化成本主要包括大气污染导致的退化成本、水污染导致的退化成本、固体废物占地损失成本3个方面，成本见式（2.2）。其中，大气污染造成的环境退化成本主要包括大气污染导致的人体健康损失、种植业产量损失、室外建筑材料腐蚀损失、生活清洁费用增加成本四个部分。水污染造成的环境退化成本主要包括水污染造成的人体健康损失、污水灌溉造成的农业损失、水污染造成的工业用水额外处理成本、水污染造成的城市生活用水额外处理成本和家庭洁净水成本以及水污染造成的污染型缺水损失等指标（表 2-1）。环境退化成本具体指标的核算方法，请参考课题组已出版的图书《中国环境经济核算技术指南》。

$$EnDC＝AEnDC+WEnDC+SEnDC \qquad (2.2)$$

式中，EnDC —— 环境退化成本；

AEnDC —— 大气污染退化成本；

WEnDC —— 水污染退化成本；

SEnDC —— 固体废物占地损失成本。

表 2-1　环境退化成本核算具体内容和方法

危害终端		核算方法
大气污染	人体健康损失	修正的人力资本法/疾病成本法
	种植业产量损失	市场价值法
	室外建筑材料腐蚀损失	市场价值法或防护费用法
	生活清洁费用增加成本	防护费用法
水污染	人体健康损失	疾病成本法/人力资本法
	污水灌溉造成的农业损失	市场价值法或影子价格法
	工业用水额外处理成本	防护费用法
	城市生活用水额外处理成本	防护费用法
	水污染引起的家庭洁净水成本	市场价值法
	污染型缺水损失	影子价格法
固体废物占地		机会成本法

2.2.2　生态破坏损失核算指标

生态破坏损失核算指标是指因人类不合理利用，造成的生态系统生态服务功能损失的核算指标。该指标是在生态系统调节服务核算的基础上，考虑不同生态系统的人为破坏率，对森林、草地、湿地三大生态系统的生态破坏损失进行核算。在进行 2017 年生态破坏损失计算时，以森林超采率作为森林生态系统的人为破坏率，森林超采率通过第八次全国森林资源清查获得的森林超采量和森林蓄积量计算而得。湿地人为破坏率根据第二次全国湿地资源调查结果，利用湿地重度威胁面积占湿地总面积的比例进行计算。草地人为破坏率根据 2017 年全国草原监测报告六大牧区省份及全国重点天然草原平均牲畜超载率进行计算，见式（2.3）。

$$EcDC = \sum_{i=1}^{3} ERS_i \times HR_i \qquad （2.3）$$

式中，$EcDC$ —— 生态破坏损失；

　　　　i —— 草地、森林和湿地三大生态系统；

　　　　ERS_i —— 草地、湿地和森林三大生态系统的生态系统调节服务；

　　　　HR_i —— 这三大生态系统的人为破坏率。

2.2.3　生态系统生产总值核算指标

GEP 核算是分析与评价生态系统为人类生存与福祉提供的产品与服务的经济价值。GEP 是生态系统产品供给服务价值、调节服务价值和文化服务价值的总和。根据生态系统服务功能评估的方法，GEP 可以从生态系统功能量和生态经济价值量两个角度核算。生态系统功能量的获取需要借助遥感影像解译数据，本书利用中科院地理所解译的 2017 年空间分辨率 1 km 的土地利用数据，并结合 MODIS NDVI 数据，对我国 2017 年 31 个省级行政区的森林、湿地、草地、荒漠、农田、城市、海洋七大生态系统 GEP 进行核算。具体指标见表 2-2。因生态系统提供的生态产品供给服务和生态系统文化服务已经在 GDP 中有所体现，为避免重复，GEEP 只对生态系统给经济系统提供的生态系统调节服务价值进行核算，见式（2.4）。这些指标的具体计算方法请参考本课题组发表在《中国环境科学》上的文章，这里不再赘述。

$$ERS=CRS+WRS+SMS+WPSF+CFOR+WCS+ACS+EDIP \quad （2.4）$$

式中，ERS —— 生态系统调节服务；

CRS —— 气候调节服务；

WRS —— 水流动调节服务；

SMS —— 土壤保持功能；

WPSF —— 防风固沙功能；

CFOR —— 固碳释氧功能；

WCS —— 水质净化功能；

ACS —— 大气环境净化功能；

EDIP —— 病虫害防治功能。

表 2-2　不同生态系统生态服务功能核算方法

指标	功能量核算方法	价值量核算方法
产品供给服务	统计调查法	市场价值法
气候调节服务	蒸散模型法	替代成本法
固碳功能	固碳机理模型法	替代成本法
释氧功能	释氧机理模型法	替代成本法
水质净化功能	污染物净化模型法	替代成本法
大气环境净化功能	污染物净化模型法	替代成本法
水流动调节服务	水量平衡法	替代成本法
病虫害防治功能	统计调查法	替代成本法
土壤保持功能	通用水土流失方程（RUSLE）	替代成本法
防风固沙功能	修正风力侵蚀模型（REWQ）	替代成本法
文化服务功能	统计调查法	旅行费用法

第 3 章

2017 年环境退化成本核算

环境退化成本又称污染损失成本，它是在目前的治理水平下，生产和消费过程中所排放的污染物对环境功能、人体健康、作物产量等造成的实际损害，可利用人力资本法、直接市场价值法、替代费用法等环境经济方法评估计算得出。基于损害的环境退化成本评估方法可以对环境污染损失进行更加科学和客观的评价。

在本核算体系框架下，环境退化成本按污染介质划分，包括大气污染、水污染和固体废物污染造成的经济损失；按污染危害终端划分，包括人体健康经济损失、工农业（工业、种植业、林牧渔业）生产经济损失、水资源经济损失、材料经济损失、土地占用丧失生产力引起的经济损失、污染事故经济损失和对生活造成影响产生的经济损失。

3.1 水环境退化成本

2017 年，我国水环境退化成本为 9 128.5 亿元，占总环境退化成本的 41.0%，水环境退化指数为 1.08%。在水环境退化成本中，污染型缺水造成的损失最大。2017 年全国污染型缺水量达到 1 127 亿 m^3，占 2017 年总供水量的 24.2%，污染已经成为我国缺水的主要原因之一，对我国的水环境安全构成严重威胁，成为制约经济发展的一大要素。另外，水污染对农业生产造成的损失，2017 年为 1 536.2 亿元。2017 年水污染造成的城市生活用水额外处理和防护成本为 603.4 亿元，工业用水额外处理成本为 448.2 亿元，农村居民健康损失为 382.2 亿元（图 3-1）。

图 3-1　各种水环境退化成本占总水环境退化成本的比重

2017 年，东、中、西部 3 个地区的水环境退化成本分别为 4 656.3 亿元、2 220.2 亿元和 2 252 亿元。东部地区的水环境退化成本最高，约占总水环境退化成本的 51%，占东部地区 GDP 的 1.0%；中部和西部地区的水环境退化成本分别占总水环境退化成本的 24.3% 和 24.7%，分别占地区 GDP 的 1.1% 和 1.34%。

3.2　大气环境退化成本

2017 年是《大气污染防治行动计划》实施的收官之年，空气质量改善目标和重点工作任务全面完成。全国 338 个地级及以上城市 PM_{10} 平均浓度比 2013 年下降 22.7%，京津冀、长三角、珠三角区域 $PM_{2.5}$ 平均浓度比 2013 年分别下降 39.6%、34.3%、27.7%，北京市 $PM_{2.5}$ 平均浓度从 2013 年的 89.5 $\mu g/m^3$ 降到 58 $\mu g/m^3$。遥感影像反演 $PM_{2.5}$ 数据显示，京津冀、长三角、成渝、汾渭地区污染相对严重。2017 年，京津冀地区 $PM_{2.5}$ 年均浓度为 51 $\mu g/m^3$，成渝地区为 37 $\mu g/m^3$，汾渭平原为 52 $\mu g/m^3$。需要注意的是，新疆 $PM_{2.5}$ 浓度比较高的地区是塔克拉玛干沙漠，受沙尘天气影响，解译结果偏高，阿克苏、和田、阿拉尔、喀什、图木舒克等地区都超过 70 $\mu g/m^3$，局部网格超过 100 $\mu g/m^3$。结合 $PM_{2.5}$ 浓度和暴露人口进行分析，我国只有 24.6% 的人口居住于 $PM_{2.5}$ 浓度低于国家空气质量二级标准（35 $\mu g/m^3$）的区域，75.4% 的人口暴露在国家空气质量二级标准以上，其中，$PM_{2.5}$ 浓度在 35～50 $\mu g/m^3$ 的人口占比为 40.2%，$PM_{2.5}$ 浓度在 50～70 $\mu g/m^3$ 的人口占比为 30.7%。暴露于超过 70 $\mu g/m^3$ 的 $PM_{2.5}$ 浓度的人口占比为 4.5%，比 2016 年降低了 7.1 个百分点，主要分布在京津冀和汾渭平原地区。

根据中国科学院遥感与数字地球研究所提供的 2017 年 $PM_{2.5}$ 遥感影像反演数据，并结合网格化的人口和人均 GDP 等数据，以 10 km 网格为核算单元，对全国范围的大气污染导致的人体健康损失进行核算。结果显示，2017 年，我国大气污染导致的过早死亡人数为 81.3 万人，比 2016 年降低 12.8%。根据 338 个地级及以上城市 $PM_{2.5}$ 监测数据计算，结果显示，我国城市地区大气污染导致的过早死亡人数为 48.8 万人。

在大气污染各项损失中，人体健康损失最大。2017 年我国大气环境退化成本为 12 565.1 亿元，占总环境退化成本的 56.5%，大气环境退化指数为 1.48%。大气污染导致的人体健康损失为 10 428.4 亿元，占大气环境退化成本的 83%。在 SO_2 减排政策的作用下，大气环境污染造成的农业损失大幅下降。2017 年农业减产损失为 71.4 亿元，比 2016 年减少 19%，农业减产损失仅占大气环境退化成本的 0.6%（图 3-2）。材料损失为 74.33 亿元，比 2016 年减少 25%。随着车辆和建筑物的快速增加，额外清洁费用增速较快，从 2006 年的 416.4 亿元增加到 2017 年的 1 991 亿元，年均增长 7.2%。

图 3-2　各种大气环境退化成本占总大气环境退化成本的比重

2017 年，东、中、西部 3 个地区的大气环境退化成本分别为 6 921.9 亿元、3 318.4 亿元和 2 324.8 亿元。大气环境退化成本最高的仍然是东部地区，占总大气环境退化成本的 55.1%，占东部地区 GDP 的 1.47%；中部和西部地区的大气环境退化成本分别占总大气环境退化成本的 26.4% 和 18.5%，这两个地区的大气环境退化成本占地区

GDP 的比重分别为 1.6%和 1.4%。从省份来看，江苏（1 302.6 亿元）、山东（1 178.6 亿元）、广东（1 122.6 亿元）、河南（800.9 亿元）、浙江（695.1 亿元）、河北（594.7 亿元）6 个省的大气环境退化较高，共占全国大气环境退化成本的 45.3%。甘肃（100.5 亿元）、宁夏（49.4 亿元）、青海（31.7 亿元）、海南（32.6 亿元）、西藏（5.3 亿元）等省、区大气环境退化成本相对较低，占全国大气环境退化成本的比例为 1.7%。

3.3　固体废物侵占土地损失成本

2017 年，全国工业固体废物侵占土地面积约为 21 535.4 万 m^2，丧失的土地机会成本约为 379.7 亿元。生活垃圾侵占土地面积约为 2 406.7 万 m^2，丧失的土地机会成本约为 65.5 亿元，比 2016 年减少 14.6%。两项合计，2017 年全国固体废物侵占土地造成的环境退化成本为 445.2 亿元，占总环境退化成本的 2.0%。2017 年，东、中、西部 3 个地区的固体废物侵占土地造成的环境退化成本分别为 149.2 亿元、153.8 亿元、142.2 亿元。

3.4　环境退化成本

2017 年我国环境退化成本为 22 256.5 亿元，环境退化成本比 2016 年增加 4.5%，环境退化成本增速有所放缓。在总环境退化成本中，大气环境退化成本和水环境退化成本是主要的组成部分，2017 年这两项损失分别占总退化成本的 56.5%和 41%，固体废物侵占土地退化成本和污染事故造成的损失分别为 445.2 亿元和 117.8 亿元，分别占总退化成本的 2.0%和 0.53%。

从空间角度来看，我国区域环境退化成本整体呈现自东向西递减的空间格局（图 3-3）。2017 年，我国东部地区的环境退化成本较大，为 11 727.4 亿元，占总环境退化成本的 53.0%，中部地区为 5 692.2 亿元，西部地区为 4 719.1 亿元。[①] 从 31 个省级行政区的环境退化成本来看，山东（2 253.4 亿元）、河北（2 073.7 亿元）、江苏（1 801.4 亿元）、河南（1 779.2 亿元）、广东（1 422.2 亿元）、浙江（1 166.9 亿元）等省份的环境退化成本较高，合计占全国环境退化成本的比重为 47.4%。除河南外，这些省份都位于我国东部沿海地区。云南（283.1

---

① 东部、中部、西部数据为区域尺度核算结果，相加不等于全国总环境退化成本。

亿元）、新疆（269.5 亿元）、宁夏（200.8 亿元）、青海（103.7 亿元）、
西藏（56.9 亿元）、海南（49.3 亿元）等省、区的环境退化成本较低，
合计占全国环境退化成本的比重为 4.4%。这些省、区除环境质量本
底值好的海南省外，其他都位于西部地区。

图 3-3　2017 年我国 31 个省级行政区环境退化成本

第4章
2017年生态破坏损失核算

　　生态系统可以按不同的方法和标准进行分类，本书按生态系统特性将生态系统划分为五类，即森林生态系统、草地生态系统、湿地生态系统、农田生态系统和海洋生态系统。由于未掌握农田生态系统和海洋生态系统的基础数据及相关参数，本书仅核算了森林、草地和湿地3类生态系统的生态调节服务损失。

专栏4-1　生态破坏损失核算说明

　　首先，报告根据中科院地理所解译的2017年空间分辨率1 km的土地利用数据，结合MODIS NDVI数据进行不同生态系统不同生态功能指标的实物量计算。

　　其次，在不同生态系统生态服务功能实物量核算的基础上，通过将不同生态系统服务功能实物量与不同生态系统人为破坏率相乘，进行不同生态系统生态破坏实物量核算。

　　（1）根据第八次全国森林资源清查结果，核算了我国森林生态系统固碳释氧、水流动调节、土壤保持、大气环境净化、防风固沙、气候调节6种生态调节服务的功能量，根据森林超采率（根据第八次全国森林资源清查获得的森林超采量和森林蓄积量计算得到）计算不同生态功能的森林损失功能量，再根据价值量方法将损失功能量转换为损失价值量。

　　（2）根据第二次全国湿地资源调查结果，核算了我国湿地生态系统固碳释氧、水流动调节、土壤保持、水质净化、大气环境净化、气候调节6种生态调节服务的功能量，根据湿地重度威胁面积占湿地总面积的比例计算不同生态功能的湿地损失功能量，再根据价值量方法将损失功能量转换为损失价值量。

（3）对草地生态系统核算了固碳释氧、水流动调节、土壤保持、大气环境净化、防风固沙、气候调节 6 种生态调节服务的功能量，根据草地人为破坏率(根据 2017 年全国草原监测报告六大牧区省份及全国重点天然草原平均牲畜超载率计算获得) 计算不同生态功能的草地损失功能量，再根据价值量方法将损失功能量转换为损失价值量。

4.1 森林生态破坏损失

第八次全国森林资源清查（2009—2013 年）结果显示，我国现有森林面积 2.08 亿 hm^2，森林覆盖率 21.63%，活立木总蓄积量 164.33 亿 m^3。森林面积和森林蓄积量分别位居世界第 5 和第 6，人工林面积居世界首位。与第七次全国森林资源清查（2004—2008 年）相比，森林面积增加 1 223 万 hm^2，森林覆盖率上升 1.27 个百分点，活立木总蓄积量和森林蓄积量分别增加 15.20 亿 m^3 和 14.16 亿 m^3。总体看来，我国森林资源进入了数量增长、质量提升的稳步发展时期。这充分表明，党中央、国务院确定的林业发展和生态建设一系列重大战略决策、实施的一系列重点林业生态工程，都取得了显著成效。但是我国森林资源总量相对不足、质量不高、分布不均的状况仍未得到根本改变，林业发展还面临着巨大的压力和挑战。

第八次全国森林资源清查结果显示，森林面积增速开始放缓，现有未成林造林地面积比上次清查少 396 万 hm^2，仅有 650 万 hm^2。同时，现有宜林地质量好的仅占 10%，质量差的多达 54%，且 2/3 分布在西北、西南地区。2017 年我国森林生态破坏损失达到 1 329.4 亿元，占 2017 年全国 GDP 的 0.16%。从损失的各项功能来看，固碳释氧、水流动调节、土壤保持、防风固沙、大气环境净化、气候调节功能损失的价值量分别为 268.8 亿元、567.5 亿元、275.0 亿元、2.5 亿元、2.6 亿元和 213 亿元（图 4-1）。其中，水流动调节损失所造成的破坏损失最大，占森林总损失的 42.69%。

图 4-1　森林生态破坏各项损失占比

　　从森林生态破坏损失的地域分布看，2017 年湖南省森林生态破坏的经济损失最大，为 454.9 亿元，其森林的超采率为 4.7%；其次是江西、广东、黑龙江、贵州、广西、云南，森林生态破坏的经济损失均超过 50 亿元，这些省份除云南、广西的森林超采率小于 1% 以外，其他省份的森林超采率都大于 1%，其中江西的森林超采率为 2.0%，广东为 1.7%，贵州为 1.5%，黑龙江为 1.2%；青海、宁夏、天津、上海、北京等地森林生态破坏损失较小；内蒙古、福建、海南、陕西等地森林超采率为 0，森林生态系统破坏损失为 0。总体来说，我国森林生态破坏损失主要分布在东南和西南地区，西北各省（区）森林生态破坏损失相对较小（图 4-2）。云南、广西主要由于森林资源比较丰富，核算得到的生态系统服务功能量较大，所以其生态破坏的损失价值也较高；江西、广东、贵州等省份则是由于森林超采率较高，造成森林生态破坏的损失价值增高；西北各省、区在退耕还林政策的影响下，森林超采率普遍较低，森林生态破坏损失低。

图 4-2　2017 年 31 个省级行政区的森林生态破坏经济损失和超采率

4.2　湿地生态破坏损失

第二次全国湿地资源调查（2009—2013 年）结果表明，全国湿地总面积为 5 360.26 万 hm²，湿地率为 5.58%。自然湿地面积为 4 667.47 万 hm²，占总湿地面积的 87.08%。自然湿地中，近海与海岸湿地面积为 579.59 万 hm²；河流湿地面积为 1 055.21 万 hm²；湖泊湿地面积为 859.38 万 hm²；沼泽湿地面积为 2 173.29 万 hm²。调查表明，我国目前河流、湖泊湿地沼泽化，河流湿地转为人工库塘等情况突出，湿地受威胁压力进一步增大，威胁湿地生态状况的主要因子已从 10 年前的污染、围垦和非法狩猎三大因子转变为现在的污染、过度捕捞和采集、围垦、外来物种入侵以及基建占用五大因子，这些原因造成了我国自然湿地面积削减、功能下降。

本书的湿地生态破坏是指在人类活动的干扰下，由于人为因素造成的湿地生态系统的生态服务功能退化，污染、过度捕捞和采集、围垦、外来物种入侵以及基建占用均为人为因素，因此，以湿地重度威胁面积占湿地总面积的比例指标作为湿地生态系统的人为破坏率。根据核算结果，2017 年湿地生态破坏损失达到 4 469.1 亿元，占 2017 年全国 GDP 的 0.53%。湿地的固碳释氧、水流动调节、土壤保持、防风固沙、水质净化、大气环境净化、气候调节功能损失的价值量分别为 1.7 亿元、522.5 亿元、3.2 亿元、0.6 亿元、35.9 亿元、0.3 亿元和 3 904.9 亿元。在湿地生态破坏造成的各项损失中，气候调节的损失贡献率最大，占总经济损失的 87.38%（图 4-3）。

图 4-3　湿地生态破坏各项损失占比

受自然条件的影响，湿地类型的地理分布表现出明显的区域差异。从湿地生态破坏损失的地域分布来看，2017 年青海省湿地生态破坏损失最高，为 1 636.9 亿元，占湿地总损失的 36.6%，其中气候调节服务功能损失最高，为 1 460.7 亿元，主要由于青海省湿地资源丰富。根据核算结果，青海湿地生态系统价值位于全国第四，同时青海省的重度威胁面积占湿地总面积的比例较高，为 4.06%，位于全国第四。湖南、河北、辽宁、江苏、四川等省份的生态破坏损失也较高，均高于 300 亿元，其中河北、湖南、辽宁、四川重度威胁面积占湿地总面积的比例较高（分别为 4.69%、4.6%、4.05%、2.22%），分别为全国第一位、第二位、第五位、第八位（图 4-4）。西藏、重庆、黑龙江的湿地生态系统破坏损失较低，小于 2 亿元。

图 4-4　2017 年 31 个省级行政区的湿地生态破坏经济损失和
重度威胁面积占比

4.3　草地生态破坏损失

　　草地生态破坏是在人类活动的干扰下，由于人为因素造成的草地生态系统的生态服务功能退化。影响草地生态系统生态退化的人为因素主要是不合理的草地利用，包括过度放牧、开垦草原、违法征占草地、乱采滥挖草原野生植被资源等。核算结果显示，2017 年我国草地生态系统的固碳释氧、水流动调节、土壤保持、防风固沙、大气环境净化、气候调节功能损失的价值量分别为 362.3 亿元、463 亿元、222.9 亿元、114.2 亿元、3.9 亿元和 335.5 亿元，合计 1 501.8 亿元。在草地生态破坏造成的各项损失中，水流动调节的贡献率最大，占总经济损失的 30.8%（图 4-5）。

　　从草地生态破坏损失的地域分布来看，西藏、新疆、内蒙古、青海、四川、云南的草地生态破坏较为严重，对应的草地生态破坏损失分别为 294.0 亿元、189.4 亿元、186.3 亿元、155.7 亿元、135.9 亿元和 106.6 亿元。其中，四川、内蒙古、西藏和新疆的草原人为破坏率均高于其他省份平均值（3.7%），分别为 4.17%、3.91%、4.62% 和 4.37%。同时，四川固碳释氧损失量较大，内蒙古、西藏、新疆的水流动调节损失较大。宁夏、山东、河南、浙江、吉林、海南、辽宁、江苏、北京、天津、上海等地草地生态破坏相对较轻，草地生态破坏损失不足 10 亿元。总体来看，西北、西南地区是中国草地生态破坏损失的高值区域，主要表现为草地净初级生产力的下降和草地面积的减少（图 4-6）。

图 4-5　草地生态破坏各项损失占比

图 4-6　2017 年 31 个省级行政区的草地生态破坏经济损失

4.4 总生态破坏损失

2017 年中国生态破坏损失的价值量为 7 300.5 亿元。其中森林、草地、湿地生态系统破坏的价值量分别为 1 329.4 亿元、1 501.8 亿元、4 469.1 亿元，分别占生态破坏损失总价值量的 18.2%、20.6%、61.2%。从各类生态系统破坏的经济损失来看，湿地生态系统破坏的经济损失相对较大，其次是草地生态系统。2017 年生态破坏损失基本与 2016 年持平，其中，森林和草地生态破坏损失略有下降，湿地生态破坏损失略有上升。

从各类生态服务功能破坏的经济损失来看，2017 年固碳释氧、水流动调节、土壤保持、防风固沙、水质净化、大气环境净化、气候调节损失的价值量分别占生态破坏损失总价值量的 8.7%、21.3%、6.9%、1.6%、0.5%、0.1% 和 61%。其中气候调节功能破坏损失的价值量相对较大，其次是水流动调节和固碳释氧，环境净化（水质、大气）破坏损失的价值量相对较小。生态破坏会对生态系统的气候调节、水流动调节、固碳释氧和土壤保持等生态服务功能产生影响，进而破坏生态系统的稳定性。

我国生态破坏损失主要分布在西部地区。2017 年，西部地区生态破坏损失为 3 909.5 亿元，占全部生态破坏损失的 53.6%。中部地区为 1 723.2 亿元，东部地区为 1 667.7 亿元。从各省份生态破坏损失的价值量来看，2017 年青海生态破坏损失价值最高，为 1 795.4 亿元，主要由于青海省湿地人为破坏率较高，造成湿地生态系统损失价值较高，占其总生态破坏损失的 91.2%；湖南、四川、河北、辽宁、江苏、西藏等地生态破坏损失的价值量相对较大，分别为 1 105.0 亿元、495.6 亿元、442.7 亿元、389.3 亿元、344.5 亿元和 300.9 亿元，其中，湖南、黑龙江主要由于森林生态系统破坏损失价值较高；河北主要由于湿地生态系统破坏损失较大；四川主要由于草地和湿地生态系统破坏损失价值均较高。湖北、山西、吉林等地生态破坏损失的价值量相对较小，均不足 50 亿元；宁夏、海南、北京、天津生态破坏损失的价值量不足 10 亿元（图 4-7）。

图 4-7　2017 年我国 31 个省级行政区生态破坏损失空间分布

第 5 章

2017 年 GEP 核算

生态系统生产总值（GEP）核算是分析与评价生态系统为人类生存与福祉提供的产品与服务的经济价值。GEP 是生态系统产品价值、调节服务价值和文化服务价值的总和。根据生态系统服务功能评估的方法，GEP 可以从生态系统功能量和生态经济价值量两个角度核算。本书利用中国科学院地理科学与资源研究所解译的 2017 年空间分辨率为 1 km 的土地利用数据，并结合 MODIS NDVI 数据，对我国 2017 年 31 个省级行政区的森林、湿地、草地、荒漠、农田、城市、海洋等七大生态系统 GEP 进行核算。

5.1　生态系统面积与净初级生产力指标分析

根据土地利用类型图划分了六大生态系统：森林生态系统、草地生态系统、农田生态系统、湿地生态系统、城镇生态系统、荒漠生态系统。2017 年我国各类生态系统面积与 2016 年基本一致。草地总面积为 264.77 万 km²，占生态系统的 28.0%；森林总面积为 224.95 万 km²，占比为 23.8%；农田总面积为 178.84 万 km²，占比为 18.9%；湿地总面积为 41.44 万 km²，占比为 4.4%；城镇总面积为 25.55 万 km²，占比为 2.7%；荒漠总面积为 209.59 万 km²，占比为 22.2%（图 5-1）。从空间分布上来看，森林主要集中在云南、黑龙江、内蒙古、四川、西藏、广西等省、区；草地主要集中在西藏、新疆、内蒙古、青海等西部省、区；农田主要集中在黑龙江、内蒙古、四川、河南、山东、河北等省、区；湿地主要集中在西藏、内蒙古、黑龙江、青海等省、区。

图 5-1　2017 年不同生态系统面积比例

净初级生产力（net primary productivity，NPP）是生态系统中绿色植被用于生长、发育和繁殖的能量值，也是生态系统中其他生物成员生存和繁衍的物质基础。面积是反映不同生态系统数量的指标，净初级生产力是反映不同生态系统质量的重要指标。2017 年，我国森林生态系统 NPP 为 15.26 亿 t，占比为 47.9%；农田生态系统 NPP 为7.69 亿 t，占比为 24.1%；草地生态系统 NPP 为 6.07 亿 t，占比为 19.0%；荒漠、湿地和城市生态系统 NPP 相对较少，占比分别为 3.9%、2.5%和 2.5%（图 5-2）。从单位生态系统面积的 NPP 指标看，森林和农田生态系统相对较高，分别为 678.3 t/km^2 和 429.8 t/km^2；草地和湿地生态系统单位面积的 NPP 分别为 229.2 t/km^2 和 193.4 t/km^2；荒漠生态系统单位面积的 NPP 最小。从 31 个省级行政区 NPP 的空间分布看，云南（3.67 亿 t）、四川（2.53 亿 t）、黑龙江（2.35 亿 t）、西藏（2.31亿 t）、广西（2.30 亿 t）、内蒙古（1.93 亿 t）、广东（1.50 亿 t）等省、区的 NPP 相对较高，占全部 NPP 的比重为 52.1%。

图 5-2　2017 年不同生态系统 NPP 比例

5.2　不同生态功能 GEP 占比

2017 年，我国 GEP 为 85.9 万亿元，绿金指数（GEP 与 GDP 比值）是 1.0。2016 年绿金指数为 0.98。从不同生态系统提供的生态服务价值来看，2017 年，湿地生态系统的生态服务价值最大，为 50.3 万亿元，占比为 58.55%；其次是森林生态系统，为 10.0 万亿元，占比为 11.64%；草地生态系统为 6.87 万亿元，占比为 8.00%；农田生态服务价值为 6.5 万亿元，占比为 7.57%；荒漠和城市生态系统提供的生态服务价值较小，分别为 0.25 万亿元和 0.01 万亿元，占比分别为 0.29% 和 0.01%（表 5-1）。与 2016 年相比，森林、荒漠、城市生态服务价值占比有所下降，而草地、湿地、农田生态系统的生态服务价值量占比有所增加。从全部生态系统提供的不同生态服务价值来看，2017 年，全部生态系统提供的产品供给服务为 14.69 万亿元，占比为 17.09%；调节服务为 60.1 万亿元，占比为 69.97%；文化服务为 11.18 万亿元，占比为 13.01%。在调节服务中，气候调节服务价值最大，为 42.5 万亿元；其次是水流动调节，为 9.9 万亿元，固碳释氧价值合计为 3.34 万亿元。与 2016 年相比，调节服务和文化服务的生态服务价值占比有所增加，供给服务占比下降。在调节服务中，水流动调节和固碳释氧的价值量占比有所下降，而气候调节服务价值占比有所增加（图 5-3）。

表 5-1　不同生态系统的生态服务价值量

单位：亿元

指标	森林	草地	湿地	农田	城市	荒漠	海洋	合计
产品供给	1 210.3	31 912.7	46 183.0	59 034.0	—	—	8 554.0	146 893.9
气候调节	18 713.2	8 025.3	398 701.7	×	×	×		425 440.2
固碳释氧	24 192.4	8 954.1	207.2	×		0.0		33 353.8
水质净化	—	—	2 302.8					2 302.8
大气环境净化	204.7	103.8	25.6	203.0	40.5	45.2		622.9
水流动调节	32 260.3	11 477.3	55 526.0	—				99 263.6
病虫害防治	74.3	×	×					74.3
防风固沙	281.6	2 652.1	48.2	170.9	19.2	2 430.3		5 602.3
土壤保持	22 572.4	5 600.1	244.6	5 627.9	0.0	0.0		34 045.0
文化服务	—	—						111 796.3

注：文化服务无法分解到不同生态系统，只有合计。大气环境净化服务以不同生态系统的面积为依据进行分解。

× 表示未评估，— 表示不适合评估。

图 5-3　不同生态服务功能价值占比

5.3　不同省级行政区 GEP 核算

2017 年，全国 GEP 较高的省级行政区包括华北地区的内蒙古、东北地区的黑龙江、青藏高原的西藏和青海、西南地区的四川。除此之外，华东地区的江苏、华南地区的广东、华中地区的湖南和湖北等地的 GEP 也都相对较高。西北地区的宁夏、华北的北京和天津、华东地区的上海、华南地区的海南等省级行政区的 GEP 则相对较低。

从各省级行政区 GEP 排序情况看（图 5-4），西藏 GEP 最高，达到 8.6 万亿元，与 2016 年相比增加 2.49 万亿元；其次是内蒙古，GEP 为 8.2 万亿元，与 2016 年相比，增加 2.42 万亿元；黑龙江 GEP 为 6.8 万亿元，比 2016 年增加 1.15 万亿元。青海、四川、湖北、广东、湖南和江苏的 GEP，均在 3.5 万亿～4.6 万亿元。新疆的 GEP 由 2016 年的 3.5 万亿元下降到 2017 年的 3.11 万亿元，下降幅度全国最大。GEP 位于 2.0 万亿～3.5 万亿元的有云南、广西、新疆、江西、山东、安徽、河南、河北、浙江 9 个省、区；GEP 位于 1.0 万亿～2.0 万亿元的有吉林、辽宁、福建、贵州、陕西、甘肃 6 个省级行政区；山西、重庆、北京、海南、天津、上海和宁夏 7 个省级行政区的 GEP 低于 1 万亿元。

GEP 较高的省级行政区中，湿地、森林提供的 GEP 和单位面积 GEP 都相对较高。黑龙江、内蒙古、西藏、青海、四川的湿地生态系统提供的 GEP 较高，分别占总 GEP 的 84.28%、85.93%、86.05%、

89.22%和50.83%（图 5-5～图 5-9）。与 2016 年相比，内蒙古、西藏、青海等省级行政区湿地生态系统提供的 GEP 比例均有一定程度的上升，黑龙江和四川湿地生态系统提供的 GEP 比例基本不变，其他省级行政区湿地生态系统提供的 GEP 比例变化不大。从单位面积 GEP 看，GEP 较高的 5 个省级行政区，湿地单位面积提供的 GEP 都是较高的。西藏、黑龙江、内蒙古、青海和四川湿地单位面积 GEP 分别为 0.81 亿元/km²、1.11 亿元/km²、1.09 亿元/km²、0.87 亿元/km² 和 1.91 亿元/km²，四川湿地单位面积的 GEP 最大。西藏草地单位面积 GEP 为 0.01 亿元/km²，相对较低。内蒙古、黑龙江和西藏森林单位面积 GEP 较低，分别为 0.02 亿元/km²、0.03 亿元/km² 和 0.03 亿元/km²。2017 年 31 个省级行政区不同生态服务功能价值核算见表 5-2。

图 5-4　2017 年我国 31 个省级行政区 GEP

图 5-5　黑龙江不同生态系统价值占比

图 5-6　内蒙古不同生态系统价值占比

图 5-7　西藏不同生态系统价值占比

图 5-8 青海不同生态系统价值占比

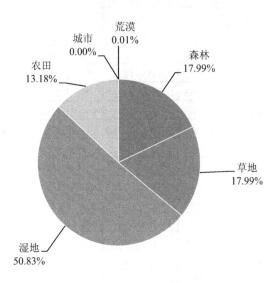

图 5-9 四川不同生态系统价值占比

表 5-2 2017 年 31 个省级行政区不同生态服务功能价值核算

单位：亿元

省级行政区	产品供给	固碳释氧	水流动调节	气候调节	土壤保持	防风固沙	水质净化	大气环境净化	病虫害防治	文化服务
北京	1 925.0	82.5	187.5	746.4	22.9	0.8	1.6	2.9	0.2	3 827.6
天津	1 221.0	4.9	136.6	2 530.1	3.9	0.2	3.7	4.9	0.0	2 408.0
河北	7 636.0	482.5	1 155.2	7 981.7	172.5	19.0	8.4	24.4	3.0	4 298.7
山西	2 233.0	386.6	879.6	2 484.5	197.8	15.4	1.8	34.3	1.1	3 753.4
内蒙古	4 858.0	2 135.6	12 347.9	58 301.3	380.8	1 077.7	42.4	58.5	8.0	2 410.1
辽宁	5 251.0	536.4	1 992.5	8 276.9	213.3	14.9	32.3	30.2	4.8	3 318.7
吉林	3 881.0	824.0	3 078.7	9 112.1	268.3	44.7	21.0	19.6	2.4	2 455.6
黑龙江	5 202.0	2 181.5	11 540.4	46 430.6	501.4	184.1	95.1	24.7	4.8	1 336.3
上海	837.0	1.1	36.2	1 515.9	2.8	0.0	24.2	9.8	0.0	3 139.5
江苏	8 955.0	37.4	213.9	18 457.0	62.4	0.4	71.3	29.2	0.1	8 113.7
浙江	4 618.0	696.9	2 574.4	4 329.4	1 327.4	0.7	95.3	21.0	1.2	6 526.1
安徽	5 951.0	406.3	2 602.6	11 305.7	622.5	0.9	130.4	13.8	2.7	4 337.9
福建	6 841.0	1 233.3	2 037.2	2 698.4	2 121.0	0.8	145.6	20.5	2.2	3 558.1
江西	4 354.0	1 288.5	6 674.6	10 494.6	1 941.9	2.1	122.8	19.2	3.3	4 534.6
山东	10 981.0	105.6	973.4	10 498.9	155.8	3.7	21.6	29.5	0.2	6 440.0
河南	10 217.0	232.0	1 627.0	7 722.7	218.9	5.9	42.0	21.9	2.9	4 725.7
湖北	5 815.0	836.7	5 309.7	20 645.9	1 231.9	3.9	92.0	13.0	3.4	3 859.8
湖南	6 914.0	1 478.1	7 336.9	12 894.6	2 374.9	2.7	230.1	13.7	3.7	5 021.1
广东	8 968.0	1 736.5	3 590.9	12 296.6	2 174.2	3.9	108.0	46.4	2.2	8 395.1
广西	5 814.0	2 900.3	6 753.2	8 279.7	3 736.5	3.4	273.5	20.8	3.0	3 906.0
海南	1 427.0	447.6	1 096.0	2 562.6	394.4	2.0	23.4	3.3	0.1	568.4
重庆	2 622.0	321.3	1 108.0	1 989.7	961.1	2.0	20.1	11.9	2.1	2 310.0
四川	8 668.0	2 816.0	3 572.4	13 519.6	3 778.4	57.9	279.1	13.9	6.2	6 246.1
贵州	3 236.8	1 554.7	2 658.2	2 575.3	1 767.0	5.1	108.4	16.4	1.5	4 981.9
云南	4 958.8	4 813.0	3 888.0	8 958.9	5 192.1	7.5	214.2	25.2	5.4	4 845.4
西藏	202.0	2 713.9	5 360.0	73 813.2	2 613.7	980.8	8.3	1.5	2.5	265.3
陕西	3 364.0	484.9	895.1	2 869.7	586.3	11.5	29.8	24.3	3.2	3 369.1
甘肃	2 379.3	717.7	1 294.4	5 326.4	386.0	365.9	35.6	19.1	1.1	1 106.0
青海	542.0	1 147.4	5 266.9	37 508.2	529.2	618.8	12.6	5.4	0.5	267.4
宁夏	865.0	49.8	171.4	1 488.6	17.7	18.4	13.3	16.9	0.0	194.6
新疆	6 157.0	700.8	2 904.7	17 825.1	88.5	2 147.1	18.6	26.7	2.4	1 276.1

5.4　主要指标分析

5.4.1　气候调节

　　2017 年，气候调节总价值为 42.6 万亿元，占总 GEP 的 49.5%；其中，森林生态系统气候调节价值为 1.9 万亿元，占气候调节总价值的 4.5%；草地为 0.8 万亿元，占气候调节总价值的 1.9%；湿地为 39.9 万亿元，占气候调节总价值的 93.7%（图 5-10）。全国气候调节价值较高的省级行政区有 5 个，分别为西藏（7.4 万亿元）、内蒙古（5.8 万亿元）、黑龙江（4.6 万亿元）、青海（3.8 万亿元）、湖北（2.1 万亿元）。而华东大部分地区、华北地区的气候调节价值则相对较小（图 5-11）。全国气候调节价值较高的省级行政区中，与 2016 年相比，西藏增加 2.9 万亿元，青海增加 0.2 万亿元，黑龙江增加 1 万亿元，内蒙古增加 2.5 万亿元。

图 5-10　各生态系统气候调节价值占比

图 5-11　2017 年我国 31 个省级行政区生态系统气候调节价值

5.4.2　水流动调节

　　水流动调节由水源涵养和洪水调蓄两部分组成。其中水源涵养是生态系统通过吸收、渗透降水，增加地表有效水的蓄积，有效涵养土壤水分、缓和地表径流和补充地下水、调节河川流量而产生的生态效应。本书主要计算了森林生态系统和草地生态系统的水源涵养价值，2017 年，我国森林和草地的水源涵养价值为 4.4 万亿元（图 5-12），其中，森林生态系统的水源涵养价值约为 3.2 万亿元，草地生态系统的水源涵养价值约为 1.2 万亿元。我国水源涵养价值整体呈现自东南向西北递减的空间趋势，湖南（0.563 万亿元）、江西（0.562 万亿元）、广西（0.47 万亿元）、西藏（0.26 万亿元）等省、区水源涵养价值较大，共计占全国水源涵养价值的 42.2%。洪水调蓄功能指湿地生态系统（湖泊、水库、沼泽等）通过蓄积洪峰水量削减洪峰，从而减轻河流水系洪水威胁产生的生态效应。2017 年，我国湿地生态系统的洪水调蓄价值为 5.6 万亿元。

图 5-12　2017 年不同生态系统的水流动调节价值

从各省级行政区的水流动调节价值来看，内蒙古（1.23 万亿元）、黑龙江（1.15 万亿元）、湖南（0.73 万亿元）、广西（0.68 万亿元）、江西（0.67 万亿元）5 个省、区的水流动调节价值较大，共计占到全国水流动调节总价值的 45.0%。这 5 个省、区中内蒙古、黑龙江水流动调节价值主要来自湿地生态系统的洪水调蓄，其他省级行政区水流动调节价值主要来自森林和草地生态系统的水源涵养。上海、天津、宁夏、北京、江苏等省级行政区的水流动调节价值相对较低，均在0.03 万亿元以下（图 5-13）。

图 5-13　2017 年我国 31 个省级行政区水流动调节价值

5.4.3 固碳释氧

2017 年，我国生态系统共固碳 33.82 亿 t，释放氧气 25.06 亿 t，其中，森林生态系统固碳 24.53 亿 t，释氧 18.17 亿 t；草地生态系统固碳 9.08 亿 t，释氧 6.73 亿 t；湿地生态系统固碳 0.21 亿 t，释氧 0.16 亿 t。利用 2017 年各省级行政区的碳交易价格计算固碳价值量，全国生态系统固碳价值量为 986.7 亿元。云南（142.4 亿元，14.4%）、广西（85.8 亿元，8.7%）、四川（83.3 亿元，8.4%）、西藏（80.3 亿元，8.1%）、黑龙江（64.5 亿元，6.5%）、内蒙古（63.2 亿元，6.4%）和广东（51.4 亿元，5.2%）等地的固碳价值量较大，共计占我国固碳总价值量的 57.9%。而上海（0.03 亿元，0.003%）、天津（0.14 亿元，0.01%）、江苏（1.11 亿元，0.11%）、宁夏（1.47 亿元，0.15%）和北京（2.44 亿元，0.25%）等地的固碳价值量则相对较少，其总和占比仅约为 0.53%。

根据《森林生态系统服务功能评估规范》（GB/T 38582—2020）中推荐的氧气价格，按照消费者物价指数（CPI）折算到 2017 年，得到全国生态系统释氧价值为 32 367.1 亿元。云南（4 670.6 亿元，14.4%）、广西（2 814.5 亿元，8.7%）、四川（2 732.7 亿元，8.4%）、西藏（2 633.7 亿元，8.1%）、黑龙江（2 117.0 亿元，6.5%）、内蒙古（2 072.4 亿元，6.4%）和广东（1 685.1 亿元，5.2%）等地的释氧价值量较大，共计占我国释氧总价值量的 57.9%。而上海（1.1 亿元，0.003%）、天津（4.7 亿元，0.01%）、江苏（36.3 亿元，0.11%）、宁夏（48.3 亿元，0.15%）和北京（80.1 亿元，0.25%）等地的释氧价值量则相对较少，其总和占比仅约为 0.53%。

我国生态系统固碳释氧的价值量的分布与 NPP 密切相关，固碳释氧价值量较高的地区主要分布在森林密集地区，如长江沿岸及长江以南的大部分地区、东北部分地区（图 5-14）。

图 5-14 2017 年各省级行政区固碳释氧价值

5.4.4 土壤保持

我国降雨集中，山地丘陵面积比重高，是世界上土壤侵蚀最严重的国家之一，我国每年约 50 亿 t 泥沙流入江河湖海，其中约 62%来自耕地表层，森林和农田生态系统对土壤保持发挥着重要作用。2017年，生态系统土壤保持功能价值为 3.40 万亿元，占 GEP 的比重为3.96%，与 2016 年相比占比下降 1.04%。其中，森林生态系统为 2.3万亿元，占比为 67.6%；草地生态系统为 0.6 万亿元，占比为 17.6%；湿地生态系统为 0.02 万亿元，占比为 0.59%。

全国土壤保持价值较高的省级行政区有 7 个，分别是西南地区的云南、四川、广西、西藏，华南地区的湖南、广东和福建。除此之外，江西和贵州也有相对较高的土壤保持价值，而华北大部分地区土壤保持价值相对较低。从各省级行政区土壤保持价值排序情况来看，云南的生态系统土壤保持价值最高，达到 5 192 亿元；其次是四川和广西，生态系统土壤保持价值分别为 3 778 亿元和 3 736 亿元。生态系统土壤保持价值位于 2 000 亿～3 000 亿元的有西藏、湖南、广东和福建 4个省、区，生态系统土壤保持价值位于 1 000 亿～2 000 亿元的有江西、贵州、浙江和湖北 4 个省份，生态系统土壤保持价值低于 100 亿元的有新疆、江苏、北京、宁夏、天津和上海 6 个省级行政区（图5-15）。

图 5-15　2017 年我国 31 个省级行政区土壤保持价值

5.5　GEP 核算综合分析

采用单位面积 GEP 和人均 GEP 两个指标，对 GEP 进行综合分析。GEP 作为生态系统为人类提供的产品与服务价值的总和，其大小与不同生态系统的面积有直接关系，利用单位面积 GEP 这个相对指标更能反映区域实际提供生态服务的能力。单位面积 GEP 较高的省级行政区主要有上海（8 835.9 万元/km²）、天津（5 587.0 万元/km²）、北京（4 046.2 万元/km²）、江苏（3 503.0 万元/km²）、广东（2 073.4 万元/km²）等，上海、北京、天津等地的 GEP 虽然相对较小，但因其面积也比较小，所以单位面积的 GEP 相对较高。与 2016 年相比，黑龙江、内蒙古的单位面积 GEP 有所增加，增加量超过 200 万元/km²。单位面积 GEP 较低的省级行政区主要有新疆（187.6 万元/km²）、甘肃（256.0 万元/km²）、宁夏（427.1 万元/km²）等西部地区（图 5-16）。

人口相对较少，但自然生态系统提供的生态服务价值相对较大的西部地区，其人均 GEP 相对较高。人均 GEP 较高的省级行政区主要有西藏（255.1 万元/人）、青海（76.8 万元/人）、内蒙古（32.3 万元/人）、黑龙江（17.8 万元/人）、新疆（12.7 万元/人）。与 2016 年相比，内蒙古、黑龙江、西藏、青海的人均 GEP 均有一定程度的增加，新疆的人均 GEP 有一定程度的下降。人均 GEP 较低的省级行政区主要有上海（2.3 万元/人）、河南（2.6 万元/人）、山西（2.7 万元/人）、河北（2.9 万元/人）、山东（2.9 万元/人）（图 5-17）。从绿金指数（GEP/GDP，

GGI）来看，绿金指数大于 1 的省级行政区有 15 个，与 2016 年保持一致，主要分布在西部地区。绿金指数较高的省级行政区主要有西藏（65.6）、青海（17.5）、内蒙古（5.1）、黑龙江（4.2）。西藏和青海位于我国青藏高原，经济发展相对较弱，但生态服务价值相对较大。绿金指数小于 0.5 的省级行政区主要有上海（0.18）、北京（0.24）、天津（0.34）、浙江（0.39）、山东（0.40）、广东（0.42）、江苏（0.42）和重庆（0.48）（图 5-18）。

图 5-16 2017 年我国 31 个省级行政区单位面积 GEP

图 5-17 2017 年我国 31 个省级行政区人均 GEP

图 5-18 2017 年我国 31 个省级行政区 GGI

从 GEP 核算的角度来看，大小兴安岭森林生态功能区、三江源草原草甸湿地生态功能区、藏东南高原边缘森林生态功能区、若尔盖草原湿地生态功能区、南岭山地森林及生物多样性生态功能区、呼伦贝尔草原草甸生态功能区、科尔沁草原生态功能区、川滇森林及生物多样性生态功能区、三江平原湿地生态功能区等国家重点生态功能区的生态服务价值相对较大，但按照主体功能区划要求，这些地区都是限制开发区，其社会经济发展严重受限。其中，以西藏和青海为主体的生态功能区，无论是 GEP 还是人均 GEP 都相对较高。但其经济落后，西藏和青海 GGI 分别为 65.6 和 17.5，远远高于其他省级行政区（图 5-18）。这些地区需以 GEP 核算价值为基础，像保护眼睛一样保护生态环境，像对待生命一样对待生态环境。同时，也需要寻找变生态要素为生产要素、变生态财富为物质财富的道路，提高绿色产品的市场供给能力，争取国家的生态补偿，改变社会经济发展的考核评估体系，实现"绿水青山"向"金山银山"的重要转变。

第6章

2017 年 GEEP 核算

经济生态生产总值（Gross Economic-Ecological Product，GEEP）在经济系统生产总值的基础上，考虑人类在经济生产活动中对生态环境的损害和生态系统给经济系统提供的福祉，即在绿色 GDP 核算的基础上，增加生态系统给人类带来的生态福祉。其中，对生态环境的损害主要用人类活动对生态系统的破坏损失和环境退化成本表示，生态系统给人类提供的福祉用 GEP 表示，因 GEP 中的产品供给服务和文化服务价值已在 GDP 中进行了核算，为减少重复，需进行扣除。

6.1　GEEP 核算结果

2017 年，我国 GEEP 是 141.86 万亿元，比 2016 年增加了 9.3%。其中，GDP 为 84.7 万亿元，生态破坏损失为 0.73 万亿元，环境退化成本为 2.21 万亿元，生态环境成本比 2016 年增加了 2.4%。生态系统生态调节服务价值为 60.1 万亿元，比 2016 年增长了 10.9%。生态系统调节服务对 GEEP 的贡献大，占比为 42.4%；生态系统破坏损失和环境退化成本占比约为 2.1%。

从相对量来看，2017 年我国单位面积 GEEP 为 1 476.0 万元/km²，人均 GEEP 为 10.2 万元，是人均 GDP 的 1.7 倍。西藏、青海、内蒙古和黑龙江是我国人均 GEEP 较高的省级行政区，这 4 个省、区的人均 GEEP 都超过 20 万元（图 6-1）。这 4 个省、区的人均 GEEP 是其人均 GDP 的 4.8 倍以上，尤其是西藏和青海，其人均 GEEP 是人均 GDP 的 10 倍以上。除黑龙江外，其他 3 个省、区都分布在我国西部地区——地广人稀、生态功能突出，但生态环境脆弱敏感的地区。

图 6-1　2017 年我国 31 个省级行政区 GEEP 与人均 GEEP

6.2　GEEP 空间分布

　　从东部、中部、西部 3 个区域看，2017 年，我国东部、中部和西部 GDP 占全国 GDP 比重分别为 55.6%、24.5% 和 19.9%。而东部、中部和西部 GEEP 占全国 GEEP 比重分别为 39.2%、26.5% 和 34.3%。我国西部地区的 GEEP 占比明显高于其 GDP 占比。西部地区不仅是大江大河的源头，更是我国重要的生态屏障区，第一批国家重点生态功能区中，有 67% 分布在西部地区。西部地区生态系统提供的生态服务价值大，环境退化成本相对较低。我国环境退化成本主要分布在东部地区，占比为 52.7%，西部地区占比为 21.2%。在一正一负的拉锯下，西部地区的 GEEP 提高很大，占比已接近东部地区。我国广东、江苏、山东、浙江等东部省份的 GEEP 大，占比为 27.8%。

　　党的十九大报告提出，中国特色社会主义进入新时代，我国社会主要矛盾已经转化为人民日益增长的美好生活需要和不平衡不充分的发展之间的矛盾。我国经济发展不平衡，区域之间经济差异大。联合国有关组织提出的基尼系数规定：低于 0.2，收入绝对平均；0.2～0.3，收入比较平均；0.3～0.4，收入相对合理；0.4～0.5，收入差距较大；0.5 以上，收入差距悬殊。基尼系数假定一定数量的人口按收入由低到高的顺序排队，分为人数相等的 n 组，从第 1 组到第 i 组人口累计收入占全部人口总收入的比重为 w_i，根据定积分的定义将洛伦兹曲线的积分（面积 *B*）分成 *n* 个等高梯形，对梯形面积之和进行计算。本书根据 31 个省级行政区 GDP 和人口两个指标，计算我国区域基尼系数，2017 年基于 GDP 计算的区域基尼系数为 0.51。基于 GEEP 计算的区域基尼系数为 0.49。如果采用 GEEP 进行基尼系数计算，我国的区域差距将趋于缩小。当然，这个前提是需要把生态系统的生态调节服务的价值市场化。

6.3 GEEP 省级行政区排名

GEEP 是在 GGDP 的基础上，增加了生态系统给人类经济系统提供的生态服务价值。由于生态系统提供的生态服务价值较大，生态系统分布的省级行政区不均衡性，导致我国 31 个省级行政区 GEEP 排名和 GDP 排名相比，变化幅度较大。除了江苏、广东、湖北、吉林 4 个省份的排序没有变化外，其他省级行政区的排序都有所变化（图 6-2）。GEEP 核算体系对于生态面积大、生态功能突出的省级行政区排序有利；对于生态面积小、生态环境成本又高的省级行政区排序不利。GEEP 排名比 GDP 排名降低幅度大的省级行政区主要有上海、北京、陕西、天津、福建、河南等。其中，北京从 GDP 排名第 12 位降低到 GEEP 排名第 22 位，上海从 GDP 排名第 11 位降低到 GEEP 排名第 21 位，天津从 GDP 排名第 19 位降低到 GEEP 排名第 27 位。

图 6-2　2017 年我国 31 个省级行政区 GEEP 排序相对 GDP 排序变化情况

内蒙古、黑龙江、云南、青海、西藏等省、区都是我国重要的生态功能区，生态面积大，生态功能突出。这些省、区 GEEP 的核算结果都远高于其 GDP。其中，云南 GEEP 是 GDP 的 2.4 倍，内蒙古 GEEP 是 GDP 的 5.6 倍，新疆 GEEP 是 GDP 的 3.1 倍，青海 GEEP 是 GDP 的 17.5 倍，西藏 GEEP 是 GDP 的 65.9 倍。这些省、区的 GEEP 排名比 GDP 排名有较大幅度上升。内蒙古从 GDP 排名第 18 位上升到 GEEP 排名第 3 位。黑龙江从 GDP 排名第 21 位上升到 GEEP 排名第 6 位。青海从 GDP 排名第 30 位上升到 GEEP 排名第 12 位。西藏从 GDP 排名第 31 位上升到 GEEP 排名第 4 位。

进一步以全国 31 个省级行政区人口和 GDP 均值、人口和 GEEP 均值作为原点，构建 GDP 和 GEEP 相对人口的散点象限分布图（图 6-3 和图 6-4）。通过对比图 6-3 和图 6-4 中省级行政区的象限变化情况可知，除河北由图 6-3 第一象限移至图 6-4 第二象限外，图 6-3 中第一象限的经济和人口大省，在图 6-4 中仍分布在第一象限，说明这些省级行政区 GEEP 仍都高于全国平均水平。图 6-3 第三象限的西藏、黑龙江、内蒙古、青海移至图 6-4 的第四象限，说明 4 个省、区在生态调节服务正效益的拉动下，其 GEEP 超过了全国平均水平。北京和上海的 GDP 超过全国平均水平，但其 GEEP 低于全国平均水平。

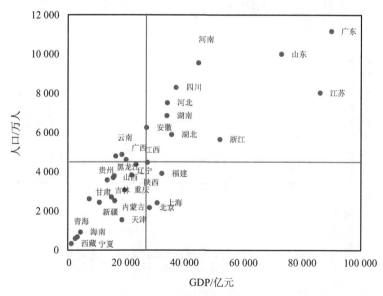

图 6-3　2017 年我国 31 个省级行政区人口与 GDP 不同象限分布情况

图 6-4　2017 年我国 31 个省级行政区人口与 GEEP 不同象限分布情况

第二部分
中国经济生态生产总值
核算研究报告
2018

（陈金华　摄影）

GDP 是考察宏观经济的重要指标，是对一国总体经济运行表现做出的概括性衡量。但现行的国民经济核算体系有一定的局限性：①它没有反映经济增长的资源环境代价；②不能反映经济增长的效率、效益和质量；③没有完全反映生态系统对经济增长的贡献度和带来的福祉，没有包括经济增长的全部社会成本；④不能反映社会财富的总积累以及社会福利的变化。

为此，国际上从 20 世纪 70 年代开始研究建立绿色国民经济（以下简称绿色 GDP）核算体系，它在传统的 GDP 核算体系中扣除自然资源耗减成本和污染损失成本，以期更加真实地衡量经济发展成果和国民经济福利。UNSD 于 1989 年、1993 年、2003 年和 2013 年先后发布了 4 个不同版本的 SEEA，为建立绿色 GDP 核算总量、自然资源和污染账户提供了基本框架。本课题组遵从 SEEA 框架体系，2006—2018 年，持续开展绿色 GDP1.0（GGDP）研究，定量核算我国经济发展的生态环境代价，完成了 2004—2018 年共 15 年的年度环境经济核算报告，有力地推动了我国绿色 GDP 核算体系研究。

目前，我国非常重视生态文明建设，逐步放弃唯 GDP 考核目标。党的十八大提出把资源消耗、环境损害、生态效益等指标纳入经济社会发展评价体系。党的十九大进一步强调加快生态文明体制改革，建设美丽中国，推进绿色发展，着力解决突出环境问题，加大生态系统保护力度，改革生态环境监管体制，践行"绿水青山就是金山银山"的理念，坚持节约资源和保护环境的基本国策，实行最严格的生态环境保护制度。绿色 GDP 核算扣除了经济系统增长的资源环境代价，但并没有把生态系统为经济系统提供的全部生态福祉都进行核算，只做了"减法"，没有做"加法"，无法体现"绿水青山就是金山银山"的绿色理念。

2015 年环境保护部启动了绿色 GDP2.0 版本，开展了 GEP 的核算，对生态系统每年提供给人类的生态福祉全部进行核算，包括产品供给服务、生态调节服务、文化服务 3 个方面。但 GEP 只是从生态系统的角度考虑，单独把生态系统给经济系统提供的福祉全部进行核算，并没有把生态系统和经济系统完全地纳入同一核算体系中。为把资源消耗、环境损害、生态效益纳入社会经济发展评价体系，本书在绿色 GDP1.0 和绿色 GDP2.0 版本的基础上，构建 GEEP 综合核算指标。

GEEP 是在经济系统生产总值的基础上，考虑人类在经济生产活动中对生态环境的损害和生态系统给经济系统提供的福祉。GEEP 既考虑了人类活动产生的经济价值，又考虑了生态系统每年给经济系统提供的生态福祉，还考虑了人类为经济系统付出的生态环境代价。GEEP 是一个有增有减、有经济有生态的综合指标。GEEP 同时考虑了人类活动和生态环境对经济系统的贡献，纠正了以前只考虑人类经济贡献或生态贡献的片面性。这一指标把"绿水青山"和"金山银山"统一到一个框架体系下，是"绿水青山就是金山银山"理念的集成，是践行"绿水青山就是金山银山"理念的重要支撑。与 GDP 相比，GEEP 更有利于实现地区可持续发展，是相对更为科学的地区绩效考核指标。

本书由生态环境部环境规划院完成，环境质量数据由中国环境监测总站和中科院遥感与数字地球研究所提供。感谢生态环境部、国家统计局等部门及中国宏观经济学会等机构的有关领导一直以来对本项研究给予的指导和帮助。

专栏 7-1　2018 年经济生态生产总值核算数据来源

2018 年核算主要以环境统计和环境监测等数据为依据，对 2018 年全国 31 个省级行政区的环境退化成本、生态破坏损失及其占 GDP 的比例、物质流，GEP，GEEP 进行核算。报告基础数据来源包括《中国统计年鉴 2019》《中国城市建设统计年鉴 2019》《中国卫生统计年鉴 2019》《中国农村统计年鉴 2019》《中国矿业年鉴 2019》《中国国土资源年鉴 2019》《中国能源统计年鉴 2019》《中国口岸年鉴 2019》《2008 中国卫生服务调查研究——第四次家庭健康询问调查分析报告》《中国生态环境状况公报 2019》以及 31 个省级行政区 2019 年度统计年鉴，环境质量数据由中国环境监测总站提供，全国 10km×10km 网格的 $PM_{2.5}$ 遥感卫星反演浓度数据由中科院遥感与数字地球研究所提供。

生态破坏损失核算基础数据主要来源于第八次全国森林资源清查 (2009—2013 年)、第二次全国湿地调查（2009—2013 年)、全国 674 个气象站点数据、中国农业科学院 MODIS/NDVI 遥感数据、《中国土壤志》、美国国家航空航天局（NASA）网站数字高程数据、全国草原监测报告、国家价格监测中心、碳排放交易价格、市场调查以及相关研究数据。

GEP 核算中，土地利用类型图来源于中国科学院资源科学数据中心（http://www.redc.cn），温度和降水量数据来自中国气象数据网 (http://data.cma.cn/)，NPP 数据来自中国科学院地理科学与资源研究所提供的数据集，NDVI 数据来源于美国 NASA 的 EOS/MODIS 数据产品 (http://e4ftl01.cr.usgs.gov)，土壤类型数据来源于中国科学院南京土壤研究所等。

第8章
经济生态生产总值核算框架体系

现有的国民经济核算体系没有考虑经济增长对自然资源和环境的消耗，也没有将生态系统为经济系统提供的生态服务价值纳入其中。为把资源消耗、环境损害、生态效益纳入社会经济发展评价体系，践行"绿水青山就是金山银山"的理念，本课题组通过多年关于绿色 GDP 核算体系的理论和实践探索研究，对 GEEP 构建的理论基础、核算框架、核算原则、关键指标等进行深入探讨，提出构建 GEEP 综合核算框架体系，并利用构建的 GEEP 核算体系，对 2018 年我国 31 个省级行政区的 GEEP 进行核算应用。与 GDP 相比，GEEP 更有利于实现地区可持续发展，是相对更为科学的地区绩效考核指标。

8.1 经济生态生产总值核算框架

GEEP 在经济系统生产总值的基础上，考虑人类在经济生产活动中对生态环境的损害和生态系统给经济系统提供的福祉，即在绿色 GDP 核算的基础上，增加生态系统给人类提供的生态福祉。其中，对生态环境的损害主要用人类活动对生态系统的破坏成本和环境退化成本表示，生态系统给人类带来的福祉用 GEP 表示，因 GEP 中的产品供给服务和文化服务价值已在 GDP 中进行了核算，为减少重复，需进行扣除（图 8-1）。GEEP 的概念模型如下：

$$\begin{aligned}
GEEP &= GGDP + GEP - (\,GGDP \cap GEP\,) \\
&= (GDP - EnDC - EcDC) + (EPS + ERS + ECS) - (EPS + ECS) \\
&= (GDP - EnDC - EcDC) + ERS
\end{aligned}$$

$$(8.1)$$

式中，GGDP——绿色 GDP；

　　GEP——生态系统生产总值；

　　$GGDP \cap GEP$ ——GGDP 与 GEP 的重复部分；

　　GDP——国内生产总值；

　　EnDC——环境退化成本；

　　EcDC——生态破坏损失；

　　ERS——生态系统调节服务价值；

　　EPS——生态产品供给服务价值；

　　ECS——生态系统文化服务价值。

图 8-1　生态经济系统生产总值核算框架体系

8.2　经济生态生产总值核算指标

根据 GEEP 核算框架体系，GEEP 核算的关键指标是生态破坏成本、环境退化成本和生态系统调节服务价值。这 3 个指标涉及生态、环境、生态环境经济学以及遥感技术应用等多个学科的交叉。如何对生态破坏成本、环境退化成本和 GEP 进行价值量核算，是计算 GEEP 的关键和难点。

8.2.1 环境退化成本核算指标

环境退化成本指排放到环境中的各种污染物对人体健康、农业、生态环境等造成的环境污染损失成本。环境退化成本主要包括大气污染导致的退化成本、水污染导致的退化成本、固体废物占地损失成本三个方面，见式（8.2）。其中，大气污染造成的环境退化成本主要包括大气污染导致的人体健康损失、种植业产量损失、室外建筑材料腐蚀损失、生活清洁费用增加成本四个部分。水污染造成的环境退化成本主要包括水污染造成的人体健康损失、污水灌溉造成的农业损失、水污染造成的工业用水额外处理成本、水污染造成的城市生活用水额外处理成本和家庭洁净水成本以及水污染造成的污染型缺水损失等指标（表 8-1）。环境退化成本具体指标的核算方法，请参考课题组已出版的图书《中国环境经济核算技术指南》。

$$EnDC＝AEnDC+WEnDC+SEnDC \qquad (8.2)$$

式中，EnDC——环境退化成本；

AEnDC——大气污染退化成本；

WEnDC——水污染退化成本；

SEnDC——固体废物占地损失成本。

表 8-1 环境退化成本核算具体内容和方法

危害终端		核算方法
大气污染	人体健康损失	修正的人力资本法/疾病成本法
	种植业产量损失	市场价值法
	室外建筑材料腐蚀损失	市场价值法或防护费用法
	生活清洁费用增加成本	防护费用法
水污染	人体健康损失	疾病成本法/人力资本法
	污水灌溉造成的农业损失	市场价值法或影子价格法
	工业用水额外处理成本	防护费用法
	城市生活用水额外处理成本	防护费用法
	水污染引起的家庭洁净水成本	市场价值法
	污染型缺水损失	影子价格法
固体废物占地		机会成本法

8.2.2　生态破坏损失核算指标

生态破坏损失核算是指对因人类不合理利用,造成的生态服务功能损失的核算。该指标是在生态系统调节服务核算的基础上,考虑不同生态系统的人为破坏率,对森林、草地、湿地三大生态系统的生态破坏损失进行核算。在进行 2018 年生态破坏损失计算时,以森林超采率作为森林生态系统的人为破坏率,森林超采率通过第八次全国森林资源清查获得的森林超采量和森林蓄积量计算而得。湿地人为破坏率根据第二次全国湿地资源调查结果,通过湿地重度威胁面积占湿地总面积的比例进行计算。草地人为破坏率根据 2017 年全国草原监测报告六大牧区省份及全国重点天然草原平均牲畜超载率进行计算,见式(8.3)。

$$EcDC = \sum_{i=1}^{3} ERS_i \times HR_i \qquad (8.3)$$

式中,EcDC——生态破坏损失;

　　　 i ——草地、森林和湿地三大生态系统;

　　　 ERS_i ——草地、湿地和森林三大生态系统的生态调节服务价值;

　　　 HR_i ——这三大生态系统的人为破坏率。

8.2.3　生态系统生产总值核算指标

GEP 核算是分析与评价生态系统为人类生存与福祉提供的产品与服务的经济价值。GEP 是生态系统产品供给服务价值、调节服务价值和文化服务价值的总和。根据生态系统服务功能评估的方法,GEP 可以从生态系统功能量和生态经济价值量两个角度核算。生态系统功能量的获取需要借助遥感影像解译数据,本书利用中科院地理所解译的 2018 年空间分辨率为 1 km 的土地利用数据,并结合 MODIS NDVI 数据,对我国 2018 年 31 个省级行政区的森林、湿地、草地、荒漠、农田、城市、海洋七大生态系统 GEP 进行核算。具体指标见表 8-2。因生态系统提供的生态产品供给服务和生态文化服务已经在 GDP 中有所体现,为避免重复,GEEP 只对生态系统给经济系统提供的生态调节服务价值进行核算,见式(8.4)。这些指标的具体计算方法请参考本课题组发表在《中国环境科学》上的文章,这里不再赘述。

$$ERS=CRS+WRS+SMS+WPSF+CFOR+WCS+ACS+EDIP \quad （8.4）$$

式中，ERS——生态系统调节服务价值；

　　　　CRS——气候调节服务价值；

　　　　WRS——水流动调节服务价值；

　　　　SMS——土壤保持功能价值；

　　　　WPSF——防风固沙功能价值；

　　　　CFOR——固碳释氧功能价值；

　　　　WCS——水质净化功能价值；

　　　　ACS——大气环境净化功能价值；

　　　　EDIP——病虫害防治功能价值。

表 8-2　不同生态系统生态服务功能核算方法

指标	功能量核算方法	价值量核算方法
产品供给服务	统计调查法	市场价值法
气候调节服务	蒸散模型法	替代成本法
固碳功能	固碳机理模型法	替代成本法
释氧功能	释氧机理模型法	替代成本法
水质净化功能	污染物净化模型法	替代成本法
大气环境净化功能	污染物净化模型法	替代成本法
水流动调节服务	水量平衡法	替代成本法
病虫害防治功能	统计调查法	替代成本法
土壤保持功能	通用水土流失方程（RUSLE）	替代成本法
防风固沙功能	修正风力侵蚀模型（REWQ）	替代成本法
文化服务功能	统计调查法	旅行费用法

第 9 章

2018 年环境退化成本核算

　　环境退化成本又称污染损失成本，它是在目前的治理水平下，生产和消费过程中所排放的污染物对环境功能、人体健康、作物产量等造成的实际损害，利用人力资本法、直接市场价值法、替代成本法等环境经济方法评估计算得出。基于损害的环境退化成本可以对环境污染损失进行更加科学和客观的评价。

　　在本核算体系框架下，环境退化成本按污染介质划分，包括大气污染、水污染和固体废物污染造成的经济损失；按污染危害终端划分，包括人体健康经济损失、工农业（工业、种植业、林牧渔业）生产经济损失、水资源经济损失、材料经济损失、土地占用丧失生产力引起的经济损失、污染事故经济损失和对生活造成影响产生的经济损失。

9.1　水环境退化成本

　　2018 年，我国水环境退化成本为 8 945.5 亿元，占总环境退化成本的 40.5%，水环境退化指数为 0.98%。在水环境退化成本中，污染型缺水造成的损失最大。2018 年全国污染型缺水量达到 1 218 亿 m^3，占 2018 年总供水量的 20.2%，污染已经成为我国缺水的主要原因之一，对我国的水环境安全构成严重威胁，成为制约经济发展的一大要素。另外，水污染对农业生产造成的损失，2018 年为 1 655.5 亿元。2018 年水污染造成的城市生活用水额外治理和防护成本为 632.4 亿元，工业用水额外处理成本为 446.6 亿元，农村居民健康损失为 427.9 亿元（图 9-1）。

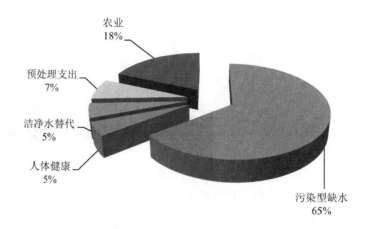

图 9-1　各种水环境退化占总水环境退化比重

　　2018 年，东、中、西部 3 个地区的水环境退化成本分别为 4 579.6 亿元、2 100.4 亿元和 2 265.5 亿元。东部地区的水环境退化成本最高，约占总水环境退化成本的 51.2%，占东部地区 GDP 的 0.9%；中部和西部地区的水环境退化成本分别占总水环境退化成本的 23.5%和 25.3%，分别占地区 GDP 的 0.9%和 1.2%。

9.2　大气环境退化成本

　　2018 年全面推进蓝天保卫战工作，强化区域联防联控，成立京津冀及周边地区大气污染防治领导小组，实施重点区域 2018—2019 年秋冬季大气污染综合治理攻坚行动，开展蓝天保卫战重点区域强化监督。全国 338 个地级及以上城市中，121 个空气质量达标，达标比例为 35.8%，比 2017 年上升 6.5 个百分点；338 个城市空气质量优良天数比例为 79.3%，比 2017 年上升 1.3 个百分点。338 个城市 PM_{10} 平均浓度比 2017 年下降 5.3%，$PM_{2.5}$ 平均浓度比 2017 年下降 9.3%，京津冀、长三角、汾渭平原区域 $PM_{2.5}$ 平均浓度分别比 2017 年下降 11.8%、10.2%、10.8%，其中北京市 2018 年 $PM_{2.5}$ 平均浓度比 2017 年下降 12.1%。遥感影像反演 $PM_{2.5}$ 数据显示，京津冀、长三角、成渝、汾渭地区污染相对严重。2018 年，京津冀地区 $PM_{2.5}$ 年均浓度为 47 μg/m³，长三角地区为 36 μg/m³，成渝地区为 35 μg/m³，汾渭平原为 50 μg/m³。需要注意的是，新疆 $PM_{2.5}$ 浓度比较高的地区是塔克拉玛干沙漠，因受沙尘天气影响，解译结果偏高，新疆 $PM_{2.5}$ 年均浓度为

42 μg/m³，阿克苏、和田、阿拉尔、喀什、图木舒克等地区都超过 70 μg/m³，局部网格超过 100 μg/m³。结合 $PM_{2.5}$ 浓度和暴露人口进行分析，我国目前 43.2% 的人口居住于 $PM_{2.5}$ 浓度低于国家空气质量二级标准（35 μg/m³）的区域，比 2017 年提高 18.6 个百分点，56.8% 的人口暴露在国家空气质量二级标准以上，其中，$PM_{2.5}$ 浓度在 35～50 μg/m³ 的人口占比为 33.9%，$PM_{2.5}$ 浓度在 50～70 μg/m³ 的人口占比为 22.6%，超过 70 μg/m³ 的人口占比为 0.3%，比 2017 年降低了 4.1 个百分点。

根据中国科学院遥感与数字地球研究所提供的 2018 年 $PM_{2.5}$ 遥感影像反演数据，并结合网格化的人口和人均 GDP 等数据，以 10 km 网格为核算单元，对全国范围的大气污染导致的人体健康损失进行核算。结果显示，2018 年，我国大气污染导致的过早死亡人数为 75.6 万人，比 2017 年降低 7.0%。根据 338 个地级及以上城市 $PM_{2.5}$ 监测数据计算，结果显示，我国城市地区大气污染导致的过早死亡人数为 47.7 万人。

在大气污染各项损失中，人体健康损失最大。2018 年我国大气环境退化成本为 12 512.9 亿元，占总环境退化成本的 56.6%，大气环境退化指数为 1.37%。大气污染导致的人体健康损失为 10 268.1 亿元，占大气环境退化成本的 82.1%。在 SO_2 减排政策的作用下，大气环境污染造成的农业损失出现下降。2018 年农业减产损失为 63.2 亿元，比 2017 年减少 13%，农业减产损失仅占大气环境退化成本的 0.51%（图 9-2）。材料损失为 58.8 亿元，比 2017 年减少 26.5%。随着车辆和建筑物的快速增加，额外清洁费用增速较快，从 2006 年的 416.4 亿元增加到 2018 年的 2 122.9 亿元，年均增长 14.5%。

2018 年，东、中、西部 3 个地区的大气环境退化成本分别为 6 860.8 亿元、3 235.8 亿元和 2 416.4 亿元。大气环境退化成本最高的仍然是东部地区，占大气总环境退化成本的 54.8%，占东部地区 GDP 的 1.36%；中部和西部地区的大气环境退化成本分别占大气总环境退化成本的 25.9% 和 19.3%，这两个地区的大气环境退化成本占地区 GDP 的比重分别为 1.4% 和 1.3%。从省级行政区来看，江苏（1 360.9 亿元）、山东（1 130.5 亿元）、广东（1 111.4 亿元）、河南（829.2 亿元）、浙江（672.2 亿元）、河北（588.2 亿元）6 个省的大气环境退化成本较高，共占全国大气环境退化成本的 45.5%。甘肃（109.6 亿元）、宁夏（48.4 亿元）、青海（38 亿元）、海南（30.7 亿元）、西藏

（6.9 亿元）等省、区大气环境退化成本相对较低，占全国大气环境
退化成本的 1.87%。

图 9-2　各种大气环境退化成本占总大气环境退化成本的比重

9.3　固体废物侵占土地损失成本

2018 年，全国工业固体废物侵占土地面积约为 26 823.7 万 m²，
丧失土地的机会成本约为 475.1 亿元。生活垃圾侵占土地面积约为
2 393.3 万 m²，丧失的土地机会成本约为 66.2 亿元。两项合计，2018
年全国固体废物侵占土地造成的环境退化成本为 541.3 亿元，占总
环境退化成本的 2.45%。2018 年，东、中、西部 3 个地区的固体废
物侵占土地造成的环境退化成本分别为 192.5 亿元、181.5 亿元、
167.3 亿元。

9.4　环境退化成本

2018 年我国环境退化成本为 22 114.1 亿元，比 2017 年下降 0.6%，
环境退化成本首次出现下降。在总环境退化成本中，大气环境退化成
本和水环境退化成本是主要的组成部分，2018 年这两项损失分别占
总退化成本的 56.6% 和 40.5%，固体废物侵占土地产生的退化成本和
污染事故造成的损失分别为 541.3 亿元和 114.4 亿元，分别占总退化
成本的 2.45% 和 0.52%。

从空间角度来看，我国区域环境退化成本整体呈现自东向西递
减的空间格局（图 9-3）。2018 年，我国东部地区的环境退化成本较

大，为 11 632.9 亿元，中部地区为 5 517.7 亿元，西部地区为 4 849.2 亿元①。从 31 个省级行政区的环境退化成本来看，山东（2 099.8 亿元）、河北（2 018.6 亿元）、江苏（1 874.8 亿元）、河南（1 660.5 亿元）、广东（1 444.5 亿元）、浙江（1 159.5 亿元）等省级行政区的环境退化成本较高。除河南外，这些省级行政区都位于我国东部沿海地区。宁夏（203.5 亿元）、青海（106.2 亿元）、西藏（53.7 亿元）、海南（47.0 亿元）等省、区的环境退化成本较低。这些省、区除环境质量本底值好的海南省外，其他都位于西部地区。

图 9-3　2018 年我国各省级行政区的环境退化成本

---

① 东部、中部、西部数据为区域尺度核算结果，相加不等于全国总环境退化成本。

第10章
2018年生态破坏损失核算

生态系统可以按不同的方法和标准进行分类，本书按生态系统特性将生态系统划分为五类，即森林生态系统、草地生态系统、湿地生态系统、农田生态系统和海洋生态系统。由于未掌握农田生态系统和海洋生态系统的基础数据及相关参数，本书仅核算了森林、草地和湿地三类生态系统的生态调节服务损失。

专栏10-1　生态破坏损失核算说明

首先，报告根据中科院地理所解译的2018年空间分辨率为1 km的土地利用数据，结合MODIS NDVI数据进行不同生态系统不同生态功能指标的实物量计算。

其次，在不同生态系统生态服务功能实物量核算的基础上，通过将不同生态系统服务功能实物量与不同生态系统人为破坏率相乘，进行不同生态系统生态破坏实物量核算。

（1）根据第八次全国森林资源清查结果，核算了我国森林生态系统固碳释氧、水流动调节、土壤保持、大气环境净化、防风固沙、气候调节等六种生态调节服务的功能量，根据森林超采率（根据第八次全国森林资源清查获得的森林超采量和森林蓄积量计算得到）计算不同生态功能的森林损失功能量，再根据价值量方法将损失功能量转换为损失价值量。

（2）根据第二次全国湿地资源调查结果，核算了我国湿地生态系统固碳释氧、水流动调节、土壤保持、水质净化、大气环境净化、气候调节等六种生态调节服务的功能量，根据湿地重度威胁面积占湿地总面积的比例计算不同生态功能的湿地损失功能量，再根据价值量方法将损失功能量转换为损失价值量。

　　（3）对草地生态系统核算了固碳释氧、水流动调节、土壤保持、大气环境净化、防风固沙、气候调节等六种生态调节服务的功能量，根据草地人为破坏率（根据 2018 年全国草原监测报告六大牧区省份及全国重点天然草原平均牲畜超载率计算获得）计算不同生态功能的草地损失功能量，再根据价值量方法将损失功能量转换为损失价值量。

10.1　森林生态破坏损失

　　第八次全国森林资源清查（2009—2013 年）结果显示，我国现有森林面积 2.08 亿 hm²，森林覆盖率 21.63%，活立木总蓄积量 164.33 亿 m³。森林面积和森林蓄积量分别位居世界第 5 和第 6，人工林面积居世界首位。与第七次全国森林资源清查（2004—2008 年）相比，森林面积增加 1 223 万 hm²，森林覆盖率上升 1.27 个百分点，活立木总蓄积量和森林蓄积量分别增加 15.20 亿 m³ 和 14.16 亿 m³。总体看来，我国森林资源进入了数量增长、质量提升的稳步发展时期。这充分表明，党中央、国务院确定的林业发展和生态建设一系列重大战略决策、实施的一系列重点林业生态工程，取得了显著成效。但是我国森林资源总量相对不足、质量不高、分布不均的状况仍未得到根本改变，林业发展还面临着巨大的压力和挑战。

　　根据第八次全国森林资源清查结果，森林面积增速开始放缓，现有未成林造林地面积比上次清查少 396 万 hm²，仅有 650 万 hm²。同时，现有宜林地质量好的仅占 10%，质量差的多达 54%，且 2/3 分布在西北、西南地区。2018 年我国森林生态破坏损失达到 1 306.8 亿元，占 2018 年全国 GDP 的 0.14%。从损失的各项功能来看，固碳释氧、水流动调节、土壤保持、防风固沙、大气环境净化、气候调节功能损失的价值量分别为 259.8 亿元、589.2 亿元、229.4 亿元、12.6 亿元、2.8 亿元和 213.0 亿元（图 10-1）。其中，水流动调节损失所造成的破坏损失最大，占森林总损失的 45.1%。

气候调节
16.3%

大气环境净化
0.2%

防风固沙
1.0%

土壤保持
17.6%

固碳释氧
19.9%

水流动调节
45.1%

图 10-1　森林生态破坏各项损失占比

从森林生态破坏损失的地域分布来看，2018 年湖南省森林生态破坏的经济损失最大，为 407.6 亿元，其森林的超采率为 4.7%；其次是江西、广东、黑龙江、河南、四川、贵州，森林生态破坏的经济损失均超过 50 亿元，其中除四川的森林超采率小于 1% 以外，其他省份的森林超采率都大于 1%，其中江西的森林超采率为 2.0%，广东为 1.7%，黑龙江为 1.2%，河南为 5.8%，贵州为 1.5%；西藏、宁夏、天津、北京、上海等地森林生态破坏损失较小；内蒙古、福建、海南、陕西等地森林超采率为 0，森林生态系统破坏损失为 0。总体来说，中国森林生态破坏损失主要分布在东南和西南地区，西北各省区森林生态破坏损失相对较小（图 10-2）。四川主要由于森林资源比较丰富，核算得到的生态系统服务功能量较大，所以其生态破坏的损失价值也较高；湖南、江西、河南、河北等省份则是由于森林超采率较高，造成森林生态破坏的损失价值增高；西北各省、区在退耕还林政策的影响下，森林超采率普遍较低，森林生态破坏损失低。

图 10-2　2018 年我国 31 个省级行政区森林生态破坏经济损失和超采率

10.2　湿地生态破坏损失

　　第二次全国湿地资源调查（2009—2013 年）结果表明，全国湿地总面积为 5 360.26 万 hm^2，湿地率为 5.58%。自然湿地面积为 4 667.47 万 hm^2，占总湿地面积的 87.1%。自然湿地中，近海与海岸湿地面积为 579.59 万 hm^2；河流湿地面积为 1 055.21 万 hm^2；湖泊湿地面积为 859.38 万 hm^2；沼泽湿地面积为 2 173.29 万 hm^2。调查表明，我国目前河流、湖泊湿地沼泽化，河流湿地转为人工库塘等情况突出，湿地受威胁压力进一步增大，威胁湿地生态状况的主要因子已从 10 年前的污染、围垦和非法狩猎三大因子转变为现在的污染、过度捕捞和采集、围垦、外来物种入侵以及基建占用五大因子，这些原因造成了我国自然湿地面积削减、功能下降。

　　本书的湿地生态破坏是指在人类活动的干扰下，由于人为因素造成的湿地生态系统的生态服务功能退化，污染、过度捕捞和采集、围垦、外来物种入侵以及基建占用均为人为因素，因此，以湿地重度威胁面积占湿地总面积的比例指标作为湿地生态系统的人为破坏率。根据核算结果，2018 年湿地生态破坏损失达到 4 496.5 亿元，占 2018 年全国 GDP 的 0.49%。湿地的固碳释氧、水流动调节、土壤保持、防风固沙、水质净化、大气环境净化、气候调节功能损失的价值量分别为 1.2 亿元、541.9 亿元、4.0 亿元、0.6 亿元、37.5 亿元、0.3 亿元和 3 911.0 亿元。在湿地生态破坏造成的各项损失中，气候调节的损失贡献率最大，占总经济损失的 86.98%（图 10-3）。

图 10-3　湿地生态破坏各项损失占比

　　受自然条件的影响，湿地类型的地理分布表现出明显的区域差异。从湿地生态破坏损失的地域分布来看，2018 年青海省湿地生态破坏损失最高，为 1 626.7 亿元，占湿地总损失的 36.2%，其中气候调节服务功能损失最高，为 1 444.4 亿元，主要原因在于青海省湿地资源丰富，受破坏的面积大、程度重。根据核算结果，青海湿地生态系统价值位于全国第二，同时青海省的重度威胁面积占湿地总面积的比例较高，为 4.05%，位于全国第四。湖南、河北、辽宁、江苏、四川等省的生态破坏损失也较高，均高于 300 亿元，其中湖南、辽宁、河北、四川、江苏重度威胁面积占湿地总面积的比例较高（分别为 4.6%、4.05%、4.69%、2.22% 和 1.79%），分别为全国第二位、第五位、第一位、第八位、第九位（图 10-4）。西藏、重庆、黑龙江的湿地生态系统破坏损失较低，小于 2 亿元。

图 10-4 2018 年我国 31 个省级行政区湿地生态破坏损失和
重度威胁面积占比

10.3 草地生态破坏损失

草地生态破坏是在人类活动的干扰下，由于人为因素造成的草地
生态系统的生态服务功能退化。影响草地生态系统生态退化的人为因
素主要是不合理的草地利用，包括过度放牧、开垦草原、违法征占草
地、乱采滥挖草原野生植被资源等。核算结果显示，2018 年中国草
地生态系统的固碳释氧、水流动调节、土壤保持、防风固沙、大气环
境净化、气候调节功能损失的价值量分别为 408.3 亿元、544.5 亿元、
544.8 亿元、101.3 亿元、4.2 亿元和 335.5 亿元，合计 1 938.6 亿元。
在草地生态破坏造成的各项损失中，水流动调节和土壤保持的贡献率
较大，两者占总草地生态破坏损失的 56.2%（图 10-5）。

从草地生态破坏损失的地域分布来看，内蒙古、西藏、新疆、青
海、四川、甘肃等的草地生态破坏相对较为严重，对应的草地生态破
坏损失分别为 314.1 亿元、306.7 亿元、225.9 亿元、215.6 亿元、209.0
亿元和 138.2 亿元。其中，四川、内蒙古、西藏和新疆的草原人为破
坏率高于其他省份平均值（3.7%），分别为 4.17%、3.91%、4.62% 和
4.37%；其中，四川土壤保持功能损失量较大，内蒙古水流动调节服
务损失量较大，西藏、新疆的气候调节服务损失量较大。河南、吉林、

浙江、辽宁、海南、北京、江苏、天津、上海等地草地生态破坏相对较轻，草地生态破坏损失不足 10 亿元。总体来看，西北、西南地区是草地生态破坏损失较严重的区域，主要表现为草地净初级生产力的下降和草地面积的减少（图 10-6）。

图 10-5　草地生态破坏各项损失占比

图 10-6　2018 年我国 31 个省级行政区草地生态破坏损失

10.4 总生态破坏损失

2018 年中国生态破坏损失的价值量为 7 741.9 亿元。其中森林、草地、湿地生态系统破坏的价值量分别为 1 306.8 亿元、1 938.6 亿元、4 496.5 亿元，分别占生态破坏损失总价值量的 16.9%、25.0%、58.1%。从各类生态系统破坏的经济损失来看，湿地生态系统破坏的经济损失相对较大，其次是草地生态系统。2018 年生态破坏损失比 2017 年略有上升，增长 6.0%，其中，草地生态破坏损失增长略大，主要由于 2018 年气候变化较大，导致草地植被生长波动变化，土壤保持功能损失出现较大增幅。

从各类生态服务功能破坏的经济损失来看，2018 年固碳释氧、水流动调节、土壤保持、防风固沙、水质净化、大气环境净化、气候调节损失的价值量分别占生态破坏损失总价值量的 8.6%、21.6%、10.1%、1.5%、0.5%、0.1%和 57.6%。其中气候调节服务破坏损失的价值量相对较大，其次是水流动调节，环境净化（水质、大气）破坏损失的价值量相对较小。生态破坏会对生态系统的气候调节、水流动调节、固碳释氧和土壤保持等生态服务功能产生影响，进而破坏生态系统的稳定性。

我国生态破坏损失主要分布在西部地区。2018 年，西部地区生态破坏损失为 4 254.5 亿元，占全部生态破坏损失的 55.0%。中部地区为 1 756.8 亿元，东部地区为 1 730.6 亿元。生态破坏的空间分布与自然生态资源禀赋的关系较大，从各省级行政区生态破坏损失的价值量来看，2018 年青海生态破坏损失价值最高，为 1 847.3 亿元，主要由于青海省湿地人为破坏率较高，造成湿地生态系统损失价值较高，占其总生态破坏损失的 88.1%；湖南、四川、河北、辽宁等地生态破坏损失的价值量相对较大，分别为 1 083.8 亿元、571.0 亿元、481.0 亿元、413.0 亿元，其中，湖南主要由于森林生态系统破坏损失价值较高；四川主要由于草地和湿地生态系统破坏损失价值均较高；河北和辽宁主要由于湿地生态系统破坏损失价值较高。海南、北京、天津等地生态破坏损失的价值量相对较小，均不足 10 亿元（图 10-7）。

图 10-7　2018 年我国 31 个省级行政区生态破坏损失空间分布

第 11 章

2018 年 GEP 核算

生态系统生产总值（GEP）核算是分析与评价生态系统为人类生存与福祉提供的产品与服务的经济价值。GEP 是生态系统产品价值、调节服务价值和文化服务价值的总和。根据生态系统服务功能评估的方法，GEP 可以从生态系统功能量和生态经济价值量两个角度核算。本书利用中国科学院地理科学与资源研究所解译的 2018 年空间分辨率为 1 km 的土地利用数据，并结合 MODIS NDVI 数据，对我国 2018 年 31 个省级行政区的森林、湿地、草地、荒漠、农田、城市、海洋等七大生态系统 GEP 进行核算。

11.1 生态系统面积与净初级生产力指标分析

根据土地利用类型图划分了六大生态系统：森林生态系统、草地生态系统、农田生态系统、湿地生态系统、城市生态系统、荒漠生态系统。根据遥感解译的土地利用数据，2018 年我国各类生态系统面积统计如下：草地总面积约为 268.30 万 km^2，占生态系统的 27.95%；森林总面积约为 229.92 万 km^2，占比为 23.95%；农田面积约为 180.30 万 km^2，占比为 18.78%；湿地总面积约为 43.45 万 km^2，占比为 4.53%；城市面积约为 27.18 万 km^2，占比为 2.83%；荒漠生态系统面积为 210.85 万 km^2，占比为 21.96%（图 11-1）。从空间分布上来看，森林主要分布于长江沿岸及长江以南大部分省级行政区，东北的大兴安岭和长白山周边地区也有广泛的森林分布；草地主要集中在西藏、新疆、内蒙古、青海等西部省、区；农田主要集中在东北、黄淮海以及四川盆地等的省级行政区；湿地主要集中在西藏、内蒙古、黑龙江、青海等省、区。

净初级生产力（net primary productivity，NPP）是生态系统中绿色植被用于生长、发育和繁殖的能量值，也是生态系统中其他生物成员生存和繁衍的物质基础。面积是反映不同生态系统数量的指标，净初级生产力是反映不同生态系统质量的重要指标。2018 年，我国森林生态系统 NPP 为 13.28 亿 t，占比为 41.80%；农田生态系统 NPP 为 9.59 亿 t，占比为 30.18%；草地生态系统 NPP 为 6.36 亿 t，占比为 20.01%；湿地、城市和荒漠生态系统 NPP 相对较少，占比分别为 3.04%、3.42% 和 1.55%（图 11-2）。从单位生态系统面积的 NPP 指标看，森林和农田生态系统相对较高，分别为 577.59 t/km² 和 531.89 t/km²；草地和湿地生态系统单位面积的 NPP 分别为 237.05 t/km² 和 222.41 t/km²；荒漠生态系统单位面积的 NPP 最小。从各省级行政区 NPP 的空间分布来看，内蒙古（2.85 亿 t）、云南（2.56 亿 t）、四川（2.28 亿 t）、黑龙江（2.27 亿 t）、广西（1.54 亿 t）、湖南（1.45 亿 t）、西藏（1.21 亿 t）和江西（1.19 亿 t）等省、区的 NPP 相对较高，占全部 NPP 的比重共计约为 50%。

图 11-1　2018 年不同生态系统面积比例

图 11-2　2018 年不同生态系统 NPP 比例

11.2 不同生态功能 GEP 占比

2018 年，我国 GEP 为 89.4 万亿元，绿金指数（GEP 与 GDP 比值）是 0.98，2017 年绿金指数为 1.0。2018 年，湿地生态系统的生态服务价值最大，为 50.6 万亿元，占比为 56.6%；其次是森林生态系统，为 9.85 万亿元，占比为 11.02%；草地生态系统为 8.02 万亿元，占比为 8.97%；农田生态服务价值为 6.66 万亿元，占比为 7.45%；荒漠和城市生态系统提供的生态服务价值较小，分别为 0.25 万亿元和 0.04 万亿元，占比分别为 0.28% 和 0.04%（表 11-1）。与 2017 年相比，草地生态服务价值占比有所增加，湿地、森林生态系统服务价值占比略有降低。从全部生态系统提供的不同生态服务价值来看，2018 年，全部生态系统提供的产品供给服务为 15.14 万亿元；调节服务为 61.1 万亿元；文化服务为 13.1 万亿元。在调节服务中，气候调节服务价值最大，为 42.4 万亿元；其次是水流动调节，为 10.7 万亿元，固碳释氧价值合计为 3.15 万亿元。与 2017 年相比，供给和调节服务的生态服务价值占比有所下降，文化服务占比略有增加。在调节服务中，气候调节功能价值占比有所下降，而土壤保持服务价值占比有所增加（图 11-3）。

表 11-1 不同生态系统的生态服务价值量

单位：亿元

指标	森林	草地	湿地	农田	城市	荒漠	海洋	合计
产品供给	1 256.3	32 691.0	48 281.0	60 644.0	—	—	8 539.0	151 411.3
气候调节	18 713.2	8 025.3	397 353.8	×	×	×	—	424 092.2
固碳释氧	21 109.9	10 215.9	154.5	×	×	0.0	—	31 480.3
水质净化	—	—	2 408.0	—	—	—	—	2 408.0
大气环境净化	211.6	107.4	26.5	209.8	41.9	46.8	—	643.9
水流动调节	35 772.8	13 513.1	57 239.9	—	—	—	—	106 525.8
病虫害防治	76.9	×	×	—	—	—	—	76.9
防风固沙	1 284.1	2 487.4	58.9	762.2	89.6	606.4	—	5 288.7
土壤保持	20 091.8	13 159.0	383.3	4 987.7	268.8	1 862.7	—	40 753.3
文化服务	—	—	—	—	—	—	—	131 189.4

注：文化服务无法分解到不同生态系统，只有合计。大气环境净化服务以不同生态系统的面积为依据进行分解。

× 表示未评估，— 表示不适合评估。

图 11-3 不同生态服务功能价值占比

11.3 不同省级行政区 GEP 核算

2018 年，全国 GEP 较高的省级行政区包括青藏高原的西藏、青海，华北地区的内蒙古，东北地区的黑龙江，西南地区的四川。除此之外，华中地区的湖南、湖北，华东地区的江苏，华南地区的广东等地的 GEP 也都相对较高。西北地区的宁夏、华北的北京和天津、华东地区的上海、华南地区的海南等省级行政区的 GEP 则相对较低。

从各省级行政区的 GEP 排序情况看（图 11-4），内蒙古 GEP 最高，为 8.8 万亿元，其次是西藏，GEP 为 8.5 万亿元，黑龙江 GEP 为 6.9 万亿元，青海 GEP 为 4.8 万亿元；四川 GEP 4.4 万亿元左右。GEP 位于 3.5 万亿～4.0 万亿元的有湖北、江苏、广东、湖南 4 个省；GEP 位于 2.5 万亿～3.5 万亿元的有新疆、山东、云南、江西、广西、安徽、河南 7 个省、区；GEP 位于 1.0 万亿～2.5 万亿元的省份有河北、辽宁、吉林、浙江、福建、贵州、甘肃、陕西、山西 9 个省；重庆、北京、海南、天津、上海和宁夏 6 个省级行政区的 GEP 低于 1 万亿元。

GEP 较高的省级行政区中，湿地、森林提供的 GEP 和单位面积 GEP 都相对较高。黑龙江、内蒙古、西藏、青海和四川的湿地生态系统提供的 GEP 较高，分别占总 GEP 的 82.93%、82.52%、85.15%、85.57% 和 44.36%（图 11-5～图 11-9）。从单位面积 GEP 来看，GEP

总值较高的这 5 个省、区中，湿地单位面积提供的 GEP 都是较高的。黑龙江、内蒙古、西藏、青海和四川湿地单位面积 GEP 分别为 1.11 亿元/km²、1.12 亿元/km²、0.78 亿元/km²、0.86 亿元/km² 和 1.87 亿元/km²。西藏草地单位面积 GEP 为 0.01 亿元/km²，相对较低。内蒙古森林单位面积 GEP 较低，为 0.02 亿元/km²。2018 年 31 个省级行政区不同生态服务功能价值核算见表 11-2。

图 11-4　2018 年全国 31 个省级行政区 GEP

图 11-5　黑龙江不同生态系统价值占比

图 11-6　内蒙古不同生态系统价值占比

图 11-7　西藏不同生态系统价值占比

图 11-8　青海不同生态系统价值占比

图 11-9　四川不同生态系统价值占比

表 11-2　2018 年 31 个省级行政区不同生态服务功能价值核算

单位：亿元

省份	产品供给	固碳释氧	水流动调节	气候调节	土壤保持	防风固沙	水质净化	大气环境净化	病虫害防治	文化服务
北京	1 897	81.6	193.9	736.3	191.4	8.0	1.7	3.0	0.2	3 827.8
天津	1 155	6.0	141.6	2 548.5	8.8	2.5	3.8	5.0	0.0	2 407.9
河北	7 761	584.3	1 176.4	8 080.5	1 083.9	105.4	8.7	25.2	3.1	5 345.0
山西	2 345	689.0	759.4	2 497.0	1 354.5	46.4	1.8	35.4	1.1	4 710.7
内蒙古	4 861	3 208.9	13 598.8	59 828.2	1 120.7	2 109.3	43.9	60.5	8.3	2 807.6
辽宁	5 480	587.6	2 152.6	8 708.7	395.9	132.7	33.4	31.3	5.0	3 750.2
吉林	4 132	780.4	3 695.0	9 073.2	213.3	174.6	21.7	20.2	2.4	2 949.3
黑龙江	6 073	1 900.2	12 627.6	45 998.9	167.1	566.1	98.5	25.5	4.9	1 577.3
上海	800	1.1	36.8	1 501.5	0.3	1.3	25.1	10.2		3 140.3
江苏	9 013	38.7	240.8	18 278.4	40.9	19.4	73.8	30.2	0.1	9 215.3
浙江	4 398	817.7	2 962.1	4 381.6	875.5	25.8	98.7	21.7	1.2	7 004.4
安徽	6 495	495.8	2 528.6	11 398.7	809.2	21.8	135.0	14.2	2.8	5 068.8
福建	6 745	1 325.0	2 860.2	2 526.7	1 301.8	18.5	150.7	21.2	2.3	4 644.4
江西	4 352	1 348.6	6 733.2	10 736.4	1 124.0	23.5	127.1	19.8	3.4	5 701.7
山东	11 485	160.9	1 068.9	10 715.6	215.6	55.6	22.4	30.5	0.2	7 322.9
河南	10 809	375.9	1 572.0	7 667.4	580.4	45.3	43.5	22.7	3.0	5 683.9
湖北	6 294	1 057.9	5 199.3	20 414.5	1 193.2	44.2	95.2	13.4	3.5	3 859.6
湖南	7 494	1 582.9	7 236.7	13 388.2	1 191.1	71.9	238.1	14.1	3.9	5 850.3
广东	8 936	1 109.3	4 246.1	12 364.4	1 346.1	61.3	111.8	47.9	2.3	9 547.7
广西	5 842	1 841.5	6 065.2	8 272.9	1 594.3	42.6	283.1	21.4	3.1	5 333.7
海南	1 392	208.8	1 258.8	2 695.7	236.7	82.7	24.2	3.4	0.1	665.0
重庆	2 503	417.3	1 080.2	2 088.0	610.5	8.1	20.8	12.3	2.1	3 040.7
四川	9 121	2 316.4	4 806.0	12 922.4	7 009.1	94.6	288.9	14.3	6.4	7 080.5
贵州	3 301	1 288.7	2 736.8	2 546.0	922.3	19.1	112.2	16.9	1.6	6 630.0
云南	4 893	3 263.7	4 769.6	8 732.5	2 867.9	65.0	221.7	26.1	5.6	6 293.9
西藏	203	1 649.6	5 310.4	71 699.4	5 036.9	373.6	8.6	1.5	2.6	342.8
陕西	3 502	1 220.3	805.9	2 844.8	2 296.7	36.6	30.8	25.2	3.3	4 196.6
甘肃	2 371.3	885.6	1 662.3	5 239.0	2 829.3	190.4	36.9	19.8	1.1	1 399.9
青海	552	1 166.2	5 695.3	37 104.0	2 484.5	265.6	13.0	5.6	0.5	320.9
宁夏	949	93.4	197.8	1 455.4	231.8	15.8	13.8	17.4	0.0	194.4
新疆	6 257	977.3	3 107.2	17 647.7	1 419.7	561.2	19.2	27.6	2.5	1 276.0

11.4　主要指标分析

11.4.1　气候调节

2018 年，气候调节总价值为 42.4 万亿元，占总 GEP 的 47.4%，与 2017 年相比占比减小了 2.1%；其中，森林生态系统气候调节价值为 1.8 万亿元，约占气候调节总价值的 4%；草地为 0.8 万亿元，约占气候调节总价值的 2%；湿地为 39.7 万亿元，约占气候调节总价值的 94%（图 11-10）。全国气候调节价值较高的省份有 6 个，分别为西藏（7.2 万亿元）、内蒙古（6.0 万亿元）、黑龙江（4.6 万亿元）、青海（3.7 万亿元）、湖北（2.0 万亿元）。而华东大部、华北地区的气候调节价值则相对较小（图 11-11）。全国气候调节价值较高的省份中，与 2017 年相比，西藏减少 0.2 万亿元，青海减少 0.1 万亿元，黑龙江保持不变，内蒙古增加 0.2 万亿元。

图 11-10　各生态系统气候调节价值占比

图 11-11　2018 年我国 31 个省级行政区生态系统气候调节价值

11.4.2　水流动调节

水流动调节由水源涵养和洪水调蓄两部分组成。其中水源涵养是生态系统通过吸收、渗透降水，增加地表有效水的蓄积，有效涵养土壤水分、缓和地表径流和补充地下水、调节河川流量而产生的生态效应。本书主要计算了森林生态系统和草地生态系统的水源涵养价值，2018 年，我国森林和草地的水源涵养价值为 4.9 万亿元（图 11-12），其中，森林生态系统的水源涵养价值为 3.6 万亿元，草地生态系统的水源涵养价值为 1.3 万亿元，我国水源涵养整体呈现自东南向西北递减的空间趋势，江西（0.56 万亿元）、湖南（0.54 万亿元）、广西（0.39 万亿元）、内蒙古（0.3 万亿元）等省、区水源涵养价值较大，占全国水源涵养价值的 36.5%。洪水调蓄功能指湿地生态系统（湖泊、水库、沼泽等）通过蓄积洪峰水量削减洪峰，从而减轻河流水系洪水威胁产生的生态效应。2018 年，我国湿地生态系统的洪水调蓄价值为 5.7 万亿元。

图 11-12　2018 年不同生态系统的水流动调节价值

从各省级行政区的水流动调节看，内蒙古（1.36 万亿元）、黑龙江（1.26 万亿元）、湖南（0.72 万亿元）、江西（0.67 万亿元）、广西（0.61 万亿元）5 个省、区的水流动调节价值较大，共计占到全国水流动调节总价值的 43.4%。这 5 个省、区中内蒙古、黑龙江水流动调节价值主要来自湿地生态系统的洪水调蓄，其他省级行政区水流动调节价值主要来自森林和草地生态系统的水源涵养。其中，湖南、江西和广西森林生态系统的水源涵养价值占其水流动调节总价值的比重都在 85% 以上。上海、天津、北京、江苏和宁夏等省级行政区的水流动调节价值相对较低，均在 0.05 万亿元以下（图 11-13）。

图 11-13　2018 年我国 31 个省级行政区水流动调节价值

81

11.4.3　固碳释氧

2018 年，我国生态系统共固碳 31.94 亿 t，释放氧气 23.31 亿 t，其中，森林生态系统固碳 21.42 亿 t，释氧 15.64 亿 t；草地生态系统固碳 10.36 亿 t，释氧 7.57 亿 t；湿地生态系统固碳 0.16 亿 t，释氧 0.11 亿 t。利用 2018 年各省级行政区的碳交易价格计算固碳价值量，全国生态系统固碳价值量为 728.7 亿元。云南（75.6 亿元，10.4%）、内蒙古（74.3 亿元，10.2%）、四川（53.6 亿元，7.4%）、黑龙江（44 亿元，6.0%）、广西（42.6 亿元，5.8%）、西藏（38.2 亿元，5.2%）和湖南（36.6 亿元，5.0%）等地的固碳价值量较大，共计占我国固碳总价值量的 50.1%。而上海（0.03 亿元，0.004%）、天津（0.14 亿元，0.02%）、江苏（0.89 亿元，0.12%）、北京（1.9 亿元，0.26%）和宁夏（2.2 亿元，0.30%）等地的固碳价值量则相对较少，其总和占比仅约为 0.7%。

按照《森林生态系统服务功能评估规范》（GB/T 38582—2020）中推荐的氧气价格，按照消费者物价指数（CPI）折算到 2018 年，得到全国生态系统释氧价格为 30 751.6 亿元。云南（3 190.0 亿元，10.4%）、内蒙古（3 135.0 亿元，10.2%）、四川（2 262.1 亿元，7.4%）、黑龙江（1 856.4 亿元，6.0%）、广西（1 796.8 亿元，5.8%）、西藏（1 610.2 亿元，5.2%）和湖南（1 545.5 亿元，5.0%）等地的释氧价值量较大，共计占我国释氧总价值量的 50.1%。而上海（1.1 亿元，0.004%）、天津（5.9 亿元，0.02%）、江苏（37.7 亿元，0.12%）、北京（79.4 亿元，0.26%）和宁夏（91.1 亿元，0.30%）等地的释氧价值量则相对较少，其总和占比仅约为 0.7%。

图 11-14 是我国生态系统的固碳释氧的价值量之和，其分布与 NPP 密切相关，固碳释氧价值量较高的地区主要分布在森林密集地区，如长江沿岸及长江以南的大部分地区、东北部分地区。

图 11-14　2018 年我国 31 个省级行政区固碳释氧价值

11.4.4　土壤保持

我国降雨集中，山地丘陵面积比重高，是世界上土壤侵蚀最严重的国家之一，我国每年约 50 亿 t 泥沙流入江河湖海，其中约 62% 来自耕地表层，森林和农田生态系统对土壤保持发挥着重要作用。2018年，生态系统土壤保持功能价值为 4.07 万亿元，占 GEP 的比重为 4.55%，与 2017 年相比占比提高 0.59%。其中，森林生态系统为 2.01 万亿元，占比为 49.4%；草地生态系统为 1.32 万亿元，占比为 32.4%；湿地生态系统为 0.04 万亿元，占比为 1.0%。

全国土壤保持价值较高的省级行政区有 6 个，分别是西南地区的四川、西藏和云南，西北地区的甘肃、青海、陕西。华北大部分地区土壤保持价值相对较低。从各省级行政区土壤保持价值排序情况来看，四川的生态系统土壤保持价值最高，达到 7 020.6 亿元；其次是西藏，生态系统土壤保持价值为 5 035.9 亿元。生态系统土壤保持价值位于 2 000 亿～3 000 亿元的有云南、甘肃、青海和陕西 4 个省，生态系统土壤保持价值位于 1 000 亿～2 000 亿元的有广西、新疆、山西、广东、福建、湖北、湖南、内蒙古、江西和河北 10 个省、区，生态系统土壤保持价值低于 100 亿元的有江苏、天津和上海 3 个省市（图 11-15）。

图 11-15　2018 年我国 31 个省级行政区土壤保持价值

11.5　GEP 核算综合分析

采用单位面积 GEP 和人均 GEP 两个指标，对 GEP 进行综合分析。GEP 作为生态系统为人类提供的产品与服务价值的总和，其大小与不同生态系统的面积有直接关系，利用单位面积 GEP 这个相对指标更能反映区域实际提供生态服务的能力。单位面积 GEP 较高的省份主要有上海（8 756.3 万元/km²）、天津（5 556.8 万元/km²）、北京（4 131.6 万元/km²）、江苏（3 601.4 万元/km²），上海、北京、天津等地的 GEP 虽然相对较小，但因其面积也比较小，所以其单位面积的 GEP 相对较高。与 2017 年相比，多数省级行政区单位面积 GEP 有所增加。单位面积 GEP 较低的省级行政区主要有位于西部地区的新疆（188.5 万元/km²）、甘肃（322.1 万元/km²）和宁夏（477.2 万元/km²）（图 11-16）。

人口相对较少，但自然生态系统提供的生态服务价值相对较大的西部地区，其人均 GEP 相对较高。人均 GEP 较高的省级行政区主要有西藏（246.0 万元/人）、青海（79.0 万元/人）、内蒙古（34.6 万元/人）、黑龙江（18.3 万元/人）。与 2017 年相比，青海、内蒙古和黑龙江的人均 GEP 有一定程度的上升。内蒙古人均 GEP 增长幅度最大，由 2017 年的 32.3 万元/人增长到 2018 年的 34.6 万元/人。人均 GEP 较低的省级行政区主要有上海（2.3 万元/人）、河南（2.8 万元/人）、山东（3.1 万元/人）（图 11-17）。从绿金指数（GEP/GDP）来看，绿金指数大于 1 的省级行政区有 14 个，比 2017 年减少 1 个，主要分布在西部地区。

绿金指数较高的省级行政区主要有西藏（57.3）、青海（16.6）、内蒙古（5.1）、黑龙江（4.2）。西藏和青海位于我国青藏高原，经济发展相对较弱，但生态服务价值相对较大。绿金指数小于 0.5 的省级行政区主要有上海（0.17）、北京（0.23）、天津（0.33）、浙江（0.37）、广东（0.39）、江苏（0.40）、山东（0.41）、重庆（0.48）（图 11-18）。

图 11-16　2018 年我国 31 个省级行政区单位面积的 GEP

图 11-17　2018 年我国 31 个省级行政区人均 GEP

图 11-18　2018 年我国 31 个省级行政区 GGI

从 GEP 核算的角度来看，大小兴安岭森林生态功能区、三江源草原草甸湿地生态功能区、藏东南高原边缘森林生态功能区、若尔盖草原湿地生态功能区、南岭山地森林及生物多样性生态功能区、呼伦贝尔草原草甸生态功能区、科尔沁草原生态功能区、川滇森林及生物多样性生态功能区、三江平原湿地生态功能区等国家重点生态功能区的生态服务价值相对较大，但按照主体功能区划要求，这些地区都是限制开发区，其社会经济发展严重受限。其中，以西藏和青海为主体的生态功能区，无论是 GEP 还是人均 GEP 都相对较高。但其经济落后，西藏和青海 GGI 分别为 57.3 和 16.6，远远高于其他省级行政区（图 11-18）。这些地区需以 GEP 核算价值为基础，牢固树立"保护生态环境就是保护生产力、改善生态环境就是发展生产力"的理念，正确处理好经济发展同生态环境保护的关系。同时，也需要寻找变生态要素为生产要素、变生态财富为物质财富的道路，提高绿色产品的市场供给能力，争取国家的生态补偿，改变社会经济发展的考核评估体系，实现"绿水青山"向"金山银山"的重要转变。

第 12 章

2018 年 GEEP 核算

经济生态生产总值（Gross Economic-Ecological Product，GEEP）是在经济系统生产总值的基础上，考虑人类在经济生产活动中对生态环境的损害和生态系统给经济系统提供的福祉。即在绿色 GDP 核算的基础上，增加生态系统给人类提供的生态福祉。其中，对生态环境的损害主要用人类活动对生态系统的破坏成本和环境退化成本表示，生态系统给人类提供的福祉用 GEP 表示，因 GEP 中的产品供给服务和文化服务价值已在 GDP 中进行了核算，为减少重复，需进行扣除。

12.1 GEEP 核算结果

2018 年，我国 GEEP 是 149.63 万亿元，比 2017 年增加了 5.48%。其中，GDP 为 91.5 万亿元，生态破坏成本为 0.77 万亿元，环境退化成本为 2.20 万亿元。生态系统生态调节服务为 61.1 万亿元，比 2017 年增长了 1.66%。生态系统调节服务对经济生态生产总值的贡献大，占比为 40.8%；生态系统破坏成本和环境退化成本占 GDP 的比例为 3.3%。

从相对量来看，2018 年我国单位面积 GEEP 为 1 557.0 万元/km^2，人均 GEEP 为 10.7 万元，是人均 GDP 的 1.6 倍。西藏、青海、内蒙古、黑龙江是我国人均 GEEP 较高的省、区，这 4 个省、区的人均 GEEP 都超过 20 万元（图 12-1）。西藏和青海人均 GEEP 较高，分别是人均 GDP 的 57.7 倍和 16.6 倍，内蒙古人均 GEEP 是人均 GDP 的 5.6 倍。这 2 个省份都分布在我国西部地区——地广人稀、生态功能突出，但生态环境脆弱敏感的地区。

图 12-1　2018 年我国 31 个省级行政区 GEEP 与人均 GEEP

12.2　GEEP 空间分布

　　从东部、中部、西部 3 个区域看，2018 年，我国东部、中部和西部 GDP 占全国 GDP 比重分别为 55.4%、24.5% 和 20.1%。而东部、中部和西部 GEEP 占全国 GEEP 比重分别为 39.7%、26.4% 和 33.9%。我国西部地区的 GEEP 占比明显高于其 GDP 占比。西部地区不仅是大江大河的源头，更是我国重要的生态屏障区，第一批国家重点生态功能区中，有 67% 都分布在西部地区。西部地区生态系统提供的生态服务价值大，环境退化成本相对较低。我国环境退化成本主要分布在东部地区，占比为 52.9%，西部地区占比为 22.0%。在一正一负的拉锯下，西部地区的 GEEP 提高很大，占比已接近东部地区。我国广东、江苏、山东、浙江等东部省份的 GEEP 大，占比为 25.0%。

　　党的十九大报告提出，中国特色社会主义进入新时代，我国社会主要矛盾已经转化为人民日益增长的美好生活需要和不平衡不充分的发展之间的矛盾。我国经济发展不平衡，区域之间经济差异大。联合国有关组织提出的基尼系数规定，低于 0.2，收入绝对平均；0.2～0.3，收入比较平均；0.3～0.4，收入相对合理；0.4～0.5，收入差距较大；0.5 以上，收入差距悬殊。基尼系数假定一定数量的人口按收入由低到高顺序排队，分为人数相等的 n 组，从第 1 组到第 i 组人口累计收入占全部人口总收入的比重为 w_i，根据定积分的定义将洛伦兹曲线的积分分成 n 个等高梯形，对梯形面积之和进行计算。本书根据 31 个省级行政区 GDP 和人口两个指标，计算我国区域基尼系数，2018 年基于 GDP 计算的区域基尼系数为 0.51。基于 GEEP 计算的区域基尼系数为 0.49。如果采用 GEEP 进行基尼系数计算，我国的区域差距将趋于缩小。当然，这个前提需要把生态系统的生态调节服务的价值市场化。

12.3　GEEP 省级行政区排名

　　GEEP 是在 GGDP 的基础上，增加了生态系统给人类经济系统提供的生态服务价值。由于生态系统提供的生态服务价值较大，生态系统分布的省级行政区不均衡性，导致我国 31 个省级行政区 GEEP 排名和 GDP 排名相比，变化幅度较大。除了广东、江苏、安徽、江西、吉林 5 个省的排序没有变化外，其他省级行政区的排序都有所变化（图 12-2）。GEEP 核算体系对于生态面积大、生态功能突出的省级行政区排序有利；对于生态面积小、生态环境成本又高的省级行政区排序不利。GEEP 排名比 GDP 排名降低幅度大的省级行政区主要有上海、北京、天津、陕西、重庆等。其中，北京从 GDP 排名第 12 位降低到 GEEP 排名第 22 位，上海从 GDP 排名第 11 位降低到 GEEP 排名第 21 位，天津从 GDP 排名第 19 位降低到 GEEP 排名第 28 位。

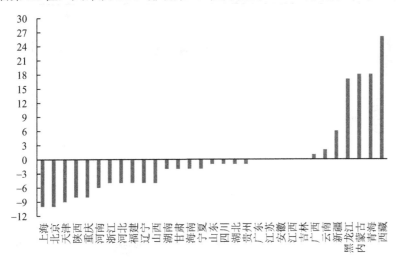

图 12-2　2018 年我国 31 个省级行政区 GEEP 排序相对 GDP 排序变化情况

内蒙古、黑龙江、青海、西藏等省、区都是我国重要的生态功能区，生态面积大，生态功能突出。这些省、区 GEEP 的核算结果都远高于其 GDP。其中，内蒙古 GEEP 是 GDP 的 5.6 倍，青海 GEEP 是 GDP 的 16.6 倍，黑龙江 GEEP 是 GDP 的 4.7 倍，西藏 GEEP 是 GDP 的 57.7 倍。这些省级行政区的 GEEP 排名比 GDP 排名有较大幅度增加。内蒙古从 GDP 排名第 21 位上升到 GEEP 排名第 3 位。黑龙江从 GDP 排名第 23 位上升到 GEEP 排名第 6 位。青海从 GDP 排名第 30 位上升到 GEEP 排名第 12 位。西藏从 GDP 排名第 31 位上升到 GEEP 排名第 5 位。

进一步以全国 31 个省级行政区人口和 GDP 均值、人口和 GEEP 均值作为原点，构建 GDP 和 GEEP 相对人口的散点象限分布图（图 12-3 和图 12-4）。通过对比图 12-3 和图 12-4 中省级行政区的象限变化情况可知，除河北、安徽由图 12-3 第一象限变成图 12-4 第二象限外，图 12-3 第一象限的经济和人口大省，在图 12-4 中仍分布在第一象限，说明这些省份 GEEP 仍都高于全国平均水平。图 12-3 第三象限的西藏、黑龙江、内蒙古变为图 12-4 的第四象限，说明这 3 个省、区在生态调节服务正效益的拉动下，其 GEEP 超过了全国平均水平。北京和上海的 GDP 超过全国平均水平，但其 GEEP 低于全国平均水平。

图 12-3　2018 年我国 31 个省级行政区人口与 GDP 不同象限分布情况

图 12-4　2018 年我国 31 个省级行政区人口与 GEEP 不同象限分布情况

附 录

附录 1   2017 年 31 个省级行政区核算结果

地区	省份	GDP/亿元	环境退化成本/亿元	环境退化指数/%	生态环境成本/亿元	生态环境成本指数/%	绿色GDP/亿元	GEP/亿元	生态调节服务/亿元	绿金指数	GEEP/亿元
东部	北京	28 014.9	567.5	1.9	568.9	2.03	27 446.0	6 797.6	1 045.0	0.2	28 491.0
	天津	18 549.2	445.0	2.4	446.0	2.40	18 103.2	6 313.3	2 684.3	0.3	20 787.5
	河北	34 016.3	2 073.7	3.1	2 516.5	7.40	31 499.9	21 781.5	9 846.8	0.6	41 346.7
	辽宁	23 409.2	721.1	3.1	1 110.4	4.74	22 298.9	19 670.9	11 101.2	0.8	33 400.1
	上海	30 633.0	647.0	1.9	717.9	2.34	29 915.1	5 566.6	1 590.1	0.2	31 505.2
	江苏	85 869.8	1 801.4	2.2	2 145.9	2.50	83 723.9	35 940.4	18 871.7	0.4	102 595.5
	浙江	51 768.3	1 166.9	1.5	1 220.7	2.36	50 547.5	20 190.5	9 046.4	0.4	59 594.0
	福建	32 182.1	579.8	2.3	692.5	2.15	31 489.5	18 658.3	8 259.2	0.6	39 748.7
	山东	72 634.2	2 253.4	6.6	2 381.1	3.28	70 253.1	29 209.2	11 788.2	0.4	82 041.3
	广东	89 705.2	1 422.2	2.9	1 542.8	1.72	88 162.4	37 321.7	19 958.6	0.4	108 121.0
	海南	4 462.5	49.3	0.9	52.4	1.17	4 410.1	6 524.8	4 529.4	1.5	8 939.6
	小计	471 245	11 727.4	2.7	13 395.1	2.84	457 850	207 974.8	98 720.9	0.4	556 570.5
	占全国比	55.6	53.0		45.5		56.0	24.2	16.4		39.2
中部	山西	15 528.4	494.2	3.5	528.4	3.40	15 000.1	9 987.5	4 001.1	0.6	19 001.1
	吉林	14 944.5	316.7	2.1	350.5	2.35	14 594.0	19 707.4	13 370.8	1.3	27 964.8
	黑龙江	15 902.7	383.8	2.4	464.5	2.92	15 438.2	67 500.9	60 962.6	4.2	76 400.8
	安徽	27 018.0	707.6	3.7	804.6	2.98	26 213.4	25 373.8	15 084.9	0.9	41 298.3
	江西	20 006.3	452.0	2.5	723.8	3.62	19 282.6	29 435.5	20 546.9	1.5	39 829.5
	河南	44 552.8	1 779.2	3.9	1 835.8	4.12	42 717.0	24 816.0	9 873.3	0.6	52 590.3
	湖北	35 478.1	680.4	2.3	724.7	2.04	34 753.4	37 811.3	28 136.5	1.1	62 889.9
	湖南	33 903.0	878.2	2.7	1 983.2	5.85	31 919.7	36 269.9	24 334.8	1.1	56 254.5
	小计	207 334	5 692.2	3.0	7 415.5	3.58	199 918	250 902.2	176 310.8	1.2	376 229.1
	占全国比	24.5	25.7		25.2		24.4	29.2	29.3		26.5

地区	省份	GDP/亿元	环境退化成本/亿元	环境退化指数/%	生态环境成本/亿元	生态环境成本指数/%	绿色GDP/亿元	GEP/亿元	生态调节服务/亿元	绿金指数	GEEP/亿元
西部	内蒙古	16 096.2	433.8	2.3	620.0	3.85	15 476.2	81 620.2	74 352.1	5.1	89 828.3
	广西	18 523.3	427.7	2.1	695.2	3.75	17 828.0	31 690.3	21 970.3	1.7	39 798.3
	重庆	19 424.7	690.4	2.6	742.6	3.82	18 682.2	9 348.1	4 416.1	0.5	23 098.3
	四川	36 980.2	810.8	2.2	1 306.4	3.53	35 673.8	38 957.6	24 043.5	1.1	59 717.3
	贵州	13 540.8	440.2	3.6	553.4	4.09	12 987.4	16 905.2	8 686.6	1.2	21 674.0
	云南	16 376.3	283.1	2.0	578.8	3.53	15 797.6	32 908.6	23 104.4	2.0	38 901.9
	西藏	1 310.9	57.0	4.8	357.8	27.30	953.1	85 961.1	85 493.8	65.6	86 446.9
	陕西	21 898.8	705.7	3.4	815.7	3.72	21 083.1	11 638.0	4 904.9	0.5	25 988.0
	甘肃	7 459.9	296.5	4.2	373.3	5.00	7 086.6	11 631.6	8 146.3	1.6	15 232.9
	青海	2 624.9	103.7	3.7	1 899.1	72.35	725.8	45 898.5	45 089.1	17.5	45 814.9
	宁夏	3 443.6	200.8	6.1	209.1	6.07	3 234.5	2 835.7	1 776.1	0.8	5 010.5
	新疆	10 882.0	269.5	2.4	477.1	4.38	10 404.8	31 146.9	23 713.8	2.9	34 118.7
	小计	168 562	4 719.1	3.0	8 628.6	5.12	159 933	400 541.9	325 696.9	2.4	485 630.0
	占全国比	19.9	21.3		29.3		19.6	46.6	54.2		34.2
	全国	847 140	22 139	2.6	29 439.1	3.48	817 701	859 418.8	600 728.6	1.0	1 418 429.6

注：环境退化成本中的污染事故损失是全国总量数据，缺少分地区数据，所以附表中的环境退化成本未包含污染事故损失。

附录 2　2018 年 31 个省级行政区核算结果

地区	省份	GDP/亿元	环境退化成本/亿元	环境退化指数/%	生态环境成本/亿元	生态环境成本指数/%	绿色GDP/亿元	GEP/亿元	生态调节服务/亿元	绿金指数	GEEP/亿元
东部	北京	30 320.0	572.9	1.9	575.4	1.90	29 744.6	6 941.0	1 216.2	0.2	30 960.8
	天津	18 809.6	431.5	2.3	433.0	2.30	18 376.7	6 279.2	2 716.2	0.3	21 092.9
	河北	36 010.3	2 018.6	5.6	2 499.6	6.94	33 510.7	24 173.5	11 067.6	0.7	44 578.3
	辽宁	25 315.4	755.2	3.0	1 168.2	4.61	24 147.2	21 277.4	12 047.2	0.8	36 194.4
	上海	32 679.9	647.5	2.0	717.9	2.20	31 962.0	5 516.5	1 576.2	0.2	33 538.1
	江苏	92 595.4	1 874.8	2.0	2 218.2	2.40	90 377.2	36 950.6	18 722.2	0.4	109 099.4
	浙江	56 197.2	1 159.5	2.1	1 214.6	2.16	54 982.6	20 586.8	9 184.4	0.4	64 167.0
	福建	35 804.0	581.8	1.6	693.2	1.94	35 110.8	19 595.9	8 206.5	0.5	43 317.3
	山东	76 469.7	2 099.8	2.7	2 239.9	2.93	74 229.8	31 077.6	12 269.7	0.4	86 499.5
	广东	97 277.8	1 444.5	1.5	1 553.7	1.60	95 724.1	37 773.0	19 289.3	0.4	115 013.4
	海南	4 832.1	47.0	1.0	49.9	1.03	4 782.1	6 567.4	4 510.4	1.4	9 292.6
	小计	506 311	11 632.9	2.3	13 363.5	2.64	492 948	216 738.9	100 805.9	0.4	593 753.6
	占全国比	55.4	52.9		44.9		55.7	24.2	16.5		39.7
中部	山西	16 818.1	513.7	3.1	569.4	3.39	16 248.7	12 440.2	5 384.6	0.7	21 633.3
	吉林	15 074.6	293.1	1.9	330.4	2.19	14 744.3	21 062.2	13 980.9	1.4	28 725.1
	黑龙江	16 361.6	417.8	2.6	506.5	3.10	15 855.1	69 039.2	61 388.9	4.2	77 244.0
	安徽	30 006.8	725.6	2.4	832.7	2.78	29 174.1	26 969.9	15 406.1	0.9	44 580.2
	江西	21 984.8	413.1	1.9	674.7	3.07	21 310.1	30 169.7	20 116.0	1.4	41 426.1
	河南	48 055.9	1 660.5	3.5	1 738.6	3.62	46 317.3	26 803.1	10 310.2	0.6	56 627.5
	湖北	39 366.6	699.7	1.8	744.2	1.89	38 622.3	38 174.9	28 021.4	1.0	66 643.7
	湖南	36 425.8	794.2	2.2	1 878.0	5.16	34 547.7	37 071.2	23 726.9	1.0	58 274.6
	小计	224 094	5 517.7	2.5	7 274.5	3.25	216 820	261 730.4	178 334.9	1.2	395 154.5
	占全国比	24.5	25.1		24.5		24.5	29.3	29.2		26.4
西部	内蒙古	17 289.2	416.5	2.4	723.1	4.18	16 566.1	87 647.2	79 978.6	5.1	96 544.7
	广西	20 352.5	409.6	2.0	647.6	3.18	19 704.9	29 299.8	18 124.1	1.4	37 829.0
	重庆	20 363.2	670.7	3.3	718.1	3.53	19 645.1	9 783.0	4 239.3	0.5	23 884.4
	四川	40 678.1	887.0	2.2	1 458.0	3.58	39 220.1	43 659.6	27 458.1	1.1	66 678.2
	贵州	14 806.5	404.3	2.7	501.0	3.38	14 305.5	17 574.6	7 643.6	1.2	21 949.0
	云南	17 881.1	303.8	1.7	567.7	3.17	17 313.4	31 138.9	19 952.0	1.7	37 265.4

地区	省份	GDP/亿元	环境退化成本/亿元	环境退化指数/%	生态环境成本/亿元	生态环境成本指数/%	绿色GDP/亿元	GEP/亿元	生态调节服务/亿元	绿金指数	GEEP/亿元
西部	西藏	1 477.6	53.7	3.6	374.2	25.32	1 103.4	84 628.3	84 082.6	57.3	85 186.0
	陕西	24 438.3	724.2	3.0	876.1	3.58	23 562.2	14 961.8	7 263.3	0.6	30 825.5
	甘肃	8 246.1	313.8	3.8	464.7	5.64	7 781.3	14 635.6	10 864.3	1.8	18 645.7
	青海	2 865.2	106.2	3.7	1 953.5	68.18	911.8	47 607.6	46 734.7	16.6	47 646.4
	宁夏	3 705.2	203.5	5.5	218.6	5.90	3 486.5	3 168.9	2 025.4	0.9	5 512.0
	新疆	12 199.1	356.0	2.9	601.1	4.93	11 598.0	31 295.5	23 762.5	2.6	35 360.4
	小计	184 302	4 849.2	2.6	9 103.7	4.94	175 198	415 400.7	332 128.4	2.3	507 326.8
	占全国比	20.1	22.0		30.6		19.8	46.5	54.3		33.9
全国		914 707	22 000	2.4	29 741.7	3.25	884 966	893 870.0	611 269.2	0.98	1 496 235.0

注: 环境退化成本中的污染事故损失是全国总量数据, 缺少分地区数据, 所以附表中的环境退化成本未包含污染事故损失。

95

附录 3 经济生态生产总值（GEEP）核算方法

1 环境退化成本核算方法

环境退化成本主要包括大气污染导致的环境退化成本、水污染导致的环境退化成本、固体废物占地导致的环境退化成本。其中，大气污染导致的环境退化成本主要包括大气污染导致的人体健康损失、种植业产值损失、室外建筑材料腐蚀损失、生活清洁费用增加成本 4 个部分。水污染导致的环境退化成本主要包括污水灌溉导致的农业损失、水污染造成的工业用水额外治理成本、水污染导致的城市居民生活经济损失以及水污染导致的污染型缺水四部分（图 1）。

图 1　环境退化成本核算框架

1.1 水环境退化成本核算指标

1.1.1 污水灌溉导致的农业损失

采用劣Ⅴ类农业用水量与农业用水的影子价格对水污染导致的农业经济损失进行估算。

$$EC_c = Q_{ce} \cdot P_c \qquad (1)$$

式中，EC_c —— 水污染造成的农业经济损失，元；

　　　Q_c —— 劣V类水质农业用水量，m^3；

　　　P_c —— 农业用水的影子价格，元/m^3。

1.1.2 水污染导致的工业用水额外治理成本

工业用水额外治理成本是指由于供水水质超标，某些对水质要求较严格的特殊行业（如食品加工和制造业、医药制造业、纺织印染业、化工制造业）需要额外安装预处理设施或添加特殊药剂额外增加的治理成本。如果水源水污染严重，自来水厂的常规水处理工艺无法生产出满足水质标准的自来水，也需要增加额外的水处理设施、药剂或净水剂。额外增加处理设施的成本或增加的处理费用即为水污染的直接经济损失。

$$EC_i = Q_{ie} \cdot P_i \qquad (2)$$

式中：EC_i —— 水污染导致的工业用水额外治理成本，元；

　　　Q_{ie} —— 劣IV类水质工业用水量，m^3；

　　　P_i —— 工业用水平均额外治理成本，元/m^3。

1.1.3 水污染导致的城市居民生活经济损失

水污染导致的城市居民生活经济损失为城市居民因为担心水污染而增加的家庭纯净水和自来水净化装置防护成本。

$$EC_h = \sum_{i=1}^{3} p_i \times H \times C_i \times a \qquad (3)$$

式中：EC_h —— 水污染导致的家庭用洁净水替代防护成本，元；

　　　i —— 桶装水、净化饮水机和自来水过滤装置等 3 种家庭洁净水替代方式；

　　　P_i —— 3 种替代方式的平均成本，元/户；

　　　H —— 城市总户数，户；

　　　C_i —— 城市家庭选用 3 种装置的比例，%；

　　　α —— 因为健康卫生因素选用家庭替代洁净水的比例，%。

1.1.4 水污染导致的污染型缺水成本

当地方水质监测断面水质均在IV类水质以上（含IV类水质），认为水环境质量较好，不存在污染型缺水；若水质监测断面存在劣IV类水质，并存在缺水情况时，则认为存在污染型缺水，具体计算方式如下。

（1）缺水量确定。一个地区的缺水量为需水量与实际供水量之间的差值。

$$Q_{Li} = Q_{Ri} - Q_{Si} \qquad (4)$$

式中：Q_{Li} —— i 地区的缺水量，m^3；

$\qquad$ Q_{Ri} —— i 地区的需水量，m^3，由水利部门提供；

$\qquad$ Q_{Si} —— i 地区的实际供水量，m^3，由水利部门提供，注意这里的供水量不包括超采的地下水供水量。

需水量根据工业、农业、生活用水定额标准进行确定。用水定额根据不同地区用水定额的地方标准进行确定。

（2）污染型缺水量确定。确定缺水量后，根据可供水资源量和缺水量指标，确定污染型缺水量。可供水资源量（Q_S）= 地区可开发水资源量 – 实际供水量。可开发水资源量 = 水资源量 × 水资源可开发比例。

当可供水资源量大于 0 时，也就是说在水资源量充沛情况下，仍存在缺水情况，则污染型缺水量（Q_{L_w}）= 可供水资源量（Q_S）× 超标水量比例，超标水量比例为劣 Ⅳ 水质占比。

当可供水资源量小于 0 时，即现有水资源量出现不足时，则污染型缺水量（Q_{L_w}）= 缺水量（Q_L）。

（3）污染型缺水损失。评价污染型缺水造成的经济损失，最简单合理的处理方法是计算缺水带来的边际效益损失，即以水资源的影子价格计算经济损失。

$$EC_p = Q_{L_w} \cdot P_s \qquad (5)$$

式中：EC_p —— 污染型缺水造成的经济损失；

$\qquad$ Q_{L_w} —— 污染型缺水量；

$\qquad$ P_s —— 水资源的影子价格。

1.1.5 水污染导致的人体健康损失

水污染导致的人体健康损失以非自来水取水方式作为水污染评价因子，危害终端包括：一是生物性污染物引起的健康损害：肝炎、痢疾、伤寒和霍乱等四类介水性传染病；二是化学性污染物引起的健康损害：循环系统和消化系统癌症，主要包括胃癌、肝癌、食管癌、结肠癌、膀胱癌等恶性肿瘤疾病总计。本指南主要核算由于饮用水污染造成的介水性污染病和恶性肿瘤带来的经济损失。

（1）饮用水污染带来的介水性传染病发病造成的经济损失。以接受改水所带来的发病人数减少所产生的效益作为饮用水污染带来的介水性传染病造成的损失（EC_{w1}）。

$$EC_{w1} = \sum_{i=1}^{31} P_r \times W_r \times B_r \tag{6}$$

式中：P_r —— 各省农村人口，人；

W_r —— 各省农村自来水普及率，%；

B_r —— 人均收益，元/人。

（2）饮用水污染带来的恶性肿瘤死亡造成的经济损失。

$$P_{ed} = (f_p - f_t) \times P_e \tag{7}$$

$$f_p = f_p \times OR \tag{8}$$

$$P_{ed} = (\frac{OR - 1}{OR}) \times f_p \times P_e \tag{9}$$

$$EC_{w2} = P_{ed} \times HC_{mr} = P_{ed} \times \sum_{i=1}^{t} GDP_{pci}^{pv} \tag{10}$$

式中：EC_{w2} —— 饮用水污染带来的恶性肿瘤死亡造成的经济损失，万元；

P_{ed} —— 现状水污染条件下造成的恶性肿瘤过早死亡人数，人；

f_p —— 水污染条件下恶性肿瘤的现状死亡率，1/10 万；

f_t —— 清洁条件下恶性肿瘤的死亡率，1/10 万；

P_e —— 水污染暴露人口，万人；

OR —— 饮用水污染引起的恶性肿瘤相对危险比值比；

t —— 水污染引起的恶性肿瘤早死的平均损失寿命年数，根据分年龄组的恶性肿瘤死亡率，恶性肿瘤早死的平均损失寿命年数为 21 年；

HC_{mr} —— 农村人口的人均人力资本，万元/人；

GDP_{pci}^{pv} —— 第 i 年的农村人均 GDP，万元/人。

1.2　大气污染环境退化成本核算指标

大气污染导致的环境退化成本主要包括大气污染导致的人体健康损失、种植业产值损失、室外建筑材料腐蚀损失、生活清洁费用增加成本 4 个部分。

1.2.1　大气污染导致的人体健康损失

大气污染对人体健康的影响非常复杂，表现为急性效应和慢性效应两类。急性效应指大量污染物排出，使空气中污染物浓度急剧增加，产生急性中毒事件。慢性效应指低浓度的污染长期作用于人体，引起眼、鼻黏膜刺激，咳痰，哮喘，慢性支气管炎，肺气肿，肺癌及因生理机能障碍而加重的心、脑血管等疾病。目前，我国城市空气污染的主要污染物是可吸入颗粒物（PM_{10}）、细颗粒物（$PM_{2.5}$）、SO_2 和 NO_2。因已有关于剂量-反应关系的研究多为对单一污染物与健康终端的一一对应关系的研究，为避免重复，只计算细颗粒物（$PM_{2.5}$）对人体健康造成的损失。暴露人口为城市人口。

$PM_{2.5}$ 对人体健康造成的损失主要有 3 项：①与大气污染 $PM_{2.5}$ 有关的全死因造成的损失（EC_{a1}），采用修正的人力资本法评价，修正的人力资本法是指应用人均 GDP 作为一个统计生命年对 GDP 贡献的价值来估算污染引起的早死的经济损失；②与大气污染（主要为 $PM_{2.5}$）有关的呼吸系统和循环系统疾病病人的住院损失及休工损失（EC_{a2}），利用疾病成本法评价；③大气污染（主要为 $PM_{2.5}$）导致的慢性支气管炎带来的失能损失（EC_{a3}），以人力资本的 40%作为患病失能损失。

（1）大气污染导致的全死因过早死亡率经济损失。

$$EC_{a1} = P_{ed} \times GDP_{pc0} \times \sum_{i=1}^{t} \frac{(1+\alpha)^i}{(1+r)^i} \tag{11}$$

$$P_{ed} = 10^{-5} \left[(RR-1)/RR \right] \times f_p p_e \tag{12}$$

$$RR = \left[(C+1)/16 \right]^{0.072\,17} \tag{13}$$

式中：P_{ed} —— 现状大气污染水平下的全死因过早死亡人数，万人；

GDP$_{pc0}$ —— 基准年的人均 GDP，万元/人；

t —— 人均损失寿命年，t =18 a；

a —— 人均 GDP 增长率，%，a=7.3%；

r —— 社会贴现率，%，r =8%；

f_p —— 大气污染水平下全死因死亡率，1/10 万；

p_e —— 城市暴露人口，万人；

RR —— 全死因相对危险归因比；

C —— $PM_{2.5}$ 的浓度，$\mu g/m^3$。

（2）大气污染造成的相关疾病住院和休工经济损失。

$$EC_{a2} = P_{eh}(C_h + WD \times C_{wd}) \tag{14}$$

$$P_{eh} = \sum_{i=1}^{n} f_{pi} \frac{\Delta c_i \beta_i / 100}{1 + \Delta c_i \beta_i / 100} \qquad (15)$$

式中：P_{eh} —— 现状大气污染水平下的超住院人次，万人；

$\quad\quad\ C_h$ —— 疾病住院成本，元/人次；

$\quad\quad\ $ WD —— 疾病休工天数；

$\quad\quad\ C_{wd}$ —— 疾病休工成本，元/人次，按人均 GDP 计算；

$\quad\quad\ n$ —— 大气污染相关疾病；

$\quad\quad\ f_{pi}$ —— 大气污染水平下的住院人次，万人；

$\quad\quad\ \beta_i$ —— 回归系数，即单位污染物浓度变化引起健康危害 i 变化的百分数，%；

$\quad\quad\ \Delta c_i$ —— 实际污染物浓度与健康危害污染物浓度阈值之差。

1.2.2 酸雨和 SO_2 污染的农作物减产损失

我国在"六五"到"八五"期间对酸雨的科学研究十分重视，将其列为国家重点科研课题，通过盆栽实验研究了酸雨和 SO_2 对农作物、森林和材料影响的剂量-反应关系。实验结果表明，我国南方硫酸型酸雨引起受试的几种农作物减产 5% 的 pH 阈值为 3.6，而酸雨与 $0.1\ mg/m^3\ SO_2$ 复合污染农作物减产 5% 的 pH 阈值为 4.6，pH5.6 与 $0.1\ mg/m^3\ SO_2$ 复合污染与 SO_2 单独存在的影响是一致的，具体的剂量-反应关系如表 1 所示。

表 1 SO_2 和酸雨单独和复合污染对农作物产量影响的剂量-反应关系

农作物	减产百分数/%		
	SO_2 污染/（mg/m^3）	酸雨污染（pH 值）	SO_2 和酸雨复合污染
水稻	$10.96\,X_1$		$2.92 + 17.93\,X_1 - 0.182\,X_2$
小麦	$26.91\,X_1$	$27.59 - 4.93\,X_2$	$24.61 + 30.17\,X_1 - 4.394\,9\,X_2$
大麦	$35.83\,X_1$	$24.13 - 4.31\,X_2$	$24.90 + 45.08\,X_1 - 4.446\,6\,X_2$
棉花	$25.16\,X_1$	$22.67 - 4.05\,X_2$	$29.06 + 28.31\,X_1 - 5.188\,6\,X_2$
大豆	$28.78\,X_1$	$15.32 - 2.73\,X_2$	$26.32 + 31.91\,X_1 - 4.7\,X_2$
油菜	$50.80\,X_1$	$47.39 - 8.46\,X_2$	$34.57 + 43.92\,X_1 - 6.172\,4\,X_2$
胡萝卜	$53.96\,X_1$	$49.63 - 8.86\,X_2$	$29.16 + 41.71\,X_1 - 5.206\,4\,X_2$
番茄	$37.40\,X_1$	$22.52 - 4.02\,X_2$	$16.64 + 36.52\,X_1 - 2.971\,1\,X_2$
菜豆	$68.99\,X_1$	$79.90 - 14.27\,X_2$	$42.40 + 75.74\,X_1 - 7.571\,2\,X_2$
蔬菜	$53.45\,X_1$	$48.1 - 9.05\,X_2$	$29.4 + 51.32\,X_1 - 5.25\,X_2$

注：① X_1 为 SO_2 浓度，X_2 为酸雨的 pH 值；② 当 SO_2 浓度或 pH 值超过阈值时，分别使用上表中左、中列中的关系式；当 SO_2 浓度和 pH 值同时超过其阈值时，使用右列中的关系式；③ 蔬菜的剂量-反应关系根据胡萝卜、番茄、菜豆 3 种蔬菜的剂量-反应关系推导得出。

$$L = \sum_{i=1}^{i} a_i P_i S_i Q_i \qquad (16)$$

式中：L —— 环境污染引起的农作物减产损失的价值，元；

$\quad\quad\quad P_i$ —— 农作物 i 的市场价格，元/kg；

$\quad\quad\quad S_i$ —— i 种农作物的种植面积，m^2；

$\quad\quad\quad Q_i$ —— 对照区 i 种农作物的单位面积产量，kg/m^2；

$\quad\quad\quad a_i$ —— 环境污染引起 i 种农作物减产的百分数，%。

1.2.3 酸雨和 SO_2 污染的建筑材料损失

暴露在户外大气中的各种材料受到自然和大气污染两类因素的影响。大气污染因素如酸雨和 SO_2 等污染进一步加剧了材料的损坏。根据国家 SO_2 标准和酸雨对材料破坏作用的研究，SO_2 和酸雨的材料损害阈值分别取 pH=5.6，SO_2=0.015 mg/m^3。

$$C_{pi} = (1/L_{pi} - 1/L_{0i}) \times C_{0i} \qquad (17)$$

式中：C_{pi} —— 酸雨和 SO_2 污染的材料损失；

$\quad\quad\quad L_{pi}$ —— 污染条件下 i 种材料的寿命；

$\quad\quad\quad L_{0i}$ —— 不污染条件下 i 种材料的寿命；

$\quad\quad\quad C_{0i}$ —— i 种材料一次维修或更换的费用。

1.2.4 大气污染导致的清洁费用增加

$$P = S \times C_s + B \times C_b + T \times C_t + H \times C_h \qquad (18)$$

式中：P —— 污染条件下的清洁费用；

$\quad\quad\quad S$ —— 污染条件下新增的需清洁的街道面积；

$\quad\quad\quad B$ —— 污染条件下新增的需清洁的公交车量；

$\quad\quad\quad T$ —— 污染条件下新增的需清洁的出租车量；

$\quad\quad\quad H$ —— 污染条件下新增的需清洁的建筑面积。

1.3 固体废物占地损失成本

土地用于种植农作物、植树造林等每年将获得一定的收益，而堆放固体废物则失去了这项使用价值。这部分的经济损失采用"机会成本法"进行核算。即将种植农作物获得的效益作为固体废物占用土地造成的经济损失。

$$L = \frac{1}{1-\alpha} \times \sum_{i=1}^{n} E_i \times S_i \qquad (19)$$

式中，L —— 固体废物占地造成的经济损失，万元；

E_i —— 第 i 种土地类型每年生产作物的经济价值系数,万元/hm²;

S_i —— 当年固体废物贮存、排放占用第 i 种土地类型的面积,hm²;

α —— 社会贴现率,%。

2 生态破坏成本核算方法

生态破坏损失核算是指对因人类不合理利用导致的生态系统生态服务功能损失的核算。该指标是在生态系统调节服务核算的基础上,依据不同生态系统服务功能价值量与不同生态系统人为破坏率的乘积,进行不同生态系统生态破坏价值量核算。生态调节服务具体指标主要包括气候调节、水流动调节、固碳释氧、水环境净化、大气环境净化、土壤保持、物种保育等指标。

$$EDC = ERS_f \times HR_f + ERS_g \times HR_g + ERS_w \times HR_w \qquad (20)$$

$$HR_f = \frac{FO}{FR} = \frac{FC - FCQ}{FR} \qquad (21)$$

$$HR_w = \frac{AT}{AW} \qquad (22)$$

$$HR_g = \frac{1.0}{1.0 + 29.875 \times 0.143^x} \qquad (23)$$

式中：EDC —— 生态破坏损失;

ERS_f、ERS_g、ERS_w —— 分别为森林、草地和湿地生态系统提供的生态调节服务;

HR_f —— 森林人为破坏率,%;

FO —— 森林超采量,m³;

FR —— 森林采伐量,m³;

FCQ —— 森林采伐限额,m³;

FR —— 森林蓄积量,m³;

HR_w —— 湿地人为破坏率,%;

AT —— 湿地重度威胁面积,hm²;

AW —— 湿地总面积,hm²;

HR_g —— 草地人为破坏率,%;

x —— 草地牲畜超载率,%。

3　GEP 核算方法

3.1　供给服务实物量与价值量核算方法

3.1.1　核算思路与方法概述

生态产品的供给服务是指由生态系统产生的具有食用、医用、药用和其他价值的物质和能源所提供的服务。生态产品供给服务价值通过将生态产品提供供给服务的实物量与单位实物量的价格相乘得到。

根据国际经验（联合国 SEEA 生态实验账户，EEA 2012），生态产品供给服务实物量核算范围主要包括：水资源、农业资源、林业资源、畜牧业资源、渔业资源、种子资源、能源以及其他资源等。

根据联合国发布的 EEA 核算指南，水资源核算中不包括地下水资源，因为地下水资源的采掘与供给与地理水循环相关，与生态系统功能不直接相关。秸秆主要是用于制造沼气而进行能源供给，因此，在计算生态系统的能源供给服务价值时仅包括水能和沼气能两种。根据 EEA 核算原则，航运资源（无论是客运还是货运）均不纳入生态产品供给服务价值核算范围。表 2 为全国生态产品供给服务价值核算考虑的一般指标。

表 2　产品供给指标

类别	内容	指标
农产品	谷物	稻谷、小麦、玉米、谷子、高粱、大麦、糜子、莜麦、荞麦、粟谷、青稞、杂粮
	豆类	大豆、绿豆、红小豆
	薯类	马铃薯、甘薯、木薯
	油料	花生、油菜籽、芝麻、胡芝麻、向日葵籽
	棉花	棉花
	麻类	黄红麻、亚麻、苎麻、大麻
	糖类	甘蔗、甜菜
	烟叶	烤烟
	菌类	食用菌
	药材	中药材
	蔬菜	含菜用瓜
	茶叶	红茶、绿茶、青茶、黑茶、黄茶、白茶、其他茶
	瓜果类	西瓜、甜瓜、草莓

类别	内容	指标
农产品	水果	香蕉、苹果、柑、橘、橙、柚、梨、菠萝、葡萄、龙眼、猕猴桃、荔枝、椰子、桃子、红枣、柿子、杏子、山楂、石榴、樱桃、枇杷、橄榄、李子、杨梅、杧果
	特色作物	咖啡、胡麻、葵花、苜蓿、莲子、番茄、辣椒、打瓜籽、啤酒花、香料作物、园参、腰果、剑麻
林产品	木材及林副产品	木材、竹材、生漆、橡胶、松脂、油桐籽、油茶籽、核桃、板栗、紫胶、竹笋、花椒、八角、乌桕籽、棕片、山苍籽、五倍子、蘑菇、香菇、白木耳、松茸、黑木耳
畜产品	肉类	猪肉、牛肉、羊肉、禽肉、兔肉、骆驼
	奶类	牛奶、羊奶
	禽蛋	鸡蛋、鸭蛋、鹅蛋等
	动物皮毛	细绵羊毛、半细绵羊毛、羊绒、山羊毛、驼绒、牛皮、山羊皮、绵羊皮
	其他	蜂蜜、蚕茧、捕猎
水产品	海水产品	鱼类、虾蟹类、贝类、藻类、其他
	淡水产品	鱼类、虾蟹类、贝类、其他
水资源	用水量	农村用水、生活用水、工业用水、生态用水
能源	水能	发电量
	薪柴	薪柴量
	秸秆	固化产量
	沼气	沼气量
种子资源	农作物	水稻、玉米、小麦等
	林木种子	采集量
	花卉种子	种子用花卉、种苗用花卉、种球用花卉
	水产品种子	淡水鱼苗、河蟹育苗量、稚蟹、稚龟、海水鱼苗、虾类育苗量、贝类育苗量、海带育苗量、紫菜育苗量、海参苗量
其他	无法分类的畜产品	宠物、赛马、工作用马、工作用驴、骆驼等其他工作用畜产品

3.1.2 实物量核算方法

根据生态产品类型，细化出一级、二级和三级指标，并明确指标数据来源。根据数据可得性，共筛选可核算三级指标64个，见表3。其中食用菌、茶叶和竹笋等作物实物量按照湿重核算。能源供给量单位为千瓦时，其他类型产品供给服务的实物量单位统一为万吨。

表 3　产品供给指标来源

一级指标	二级指标	三级指标	数据来源
农产品供给价值	谷物	稻谷	农业、林业、畜牧业、渔业产品数据，水资源来自《中国统计年鉴》《中国农业统计资料》《中国畜牧业统计年鉴》《中国林业统计年鉴》《全国农产品成本收益汇编》等相关统计资料，能源数据来源于《中国能源统计年鉴》，全国统计年鉴中没有统计资料的数据来自省市地方统计年鉴数据
		大小麦	
	杂粮	玉米	
		高粱	
		谷子	
		其他	
	薯类	甘薯	
		马铃薯	
	豆类	大豆	
		绿豆	
		小红豆	
	油料	花生	
		芝麻	
		葵花籽	
	棉花	棉花	
	生麻	生麻	
	甘蔗	甘蔗	
	烟叶	烟叶	
	蔬菜	蔬菜	
	中草药材	中草药材	
	野生植物	野生药材等	
	茶叶	红茶	
		绿茶	
		青茶	
		其他茶叶	
	食用菌	食用菌	
	水果	苹果	
		柑橘	
		梨	
		枇杷	
		杨梅	
		桃子	
		柿子	
		葡萄	
	特色作物	木薯	
		莲籽	
		蕉芋	

一级指标	二级指标	三级指标	数据来源
畜产品供给价值	肉类	猪肉	
		牛肉	
		羊肉	
		禽肉	
		兔肉	
	禽蛋	禽蛋	
	捕猎	野兽、野禽	
	其他	蜂蜡	
		蜂蜜	
木材及林副产品供给价值	林产品	油桐籽	
		山苍子	
		油茶籽	
		棕片	
		松脂	
		竹笋	
		茅草	
水产品供给价值	淡水产品	鱼类	
		虾蟹类	
		贝类	
		其他	
水资源供给价值	用水量	农村用水量	
		生活用水量	
		工业用水量	
		生态用水量	
种子资源供给价值	农产品种子	水稻种子	
能源供给价值	沼气	沼气利用量	
	水利	水利发电量	

注: 其中统计年鉴中干茶重量折算成鲜茶重量,食用菌干重折算成鲜重,竹笋折算成鲜笋,淡水珍珠按千克统计。

3.1.3　价值量核算方法

获取生态产品供给服务实物量后,对其进行价值量核算。本书根据数据的可得性,采用两种价值量核算方法:一种是市场价格法,另一种是产值法。市场价格法全部使用三级指标的统计实物量乘以平均市场价格。产值法除水资源和能源供给价值以外,其他4类二级指标(农产品、畜产品、林产品和水产品)使用统计年鉴上的产值统计数据。无法根据统计产值获得供给价值的指标,如水资源价值,可根据实物量（用水量）和市场价格（水资源价格）进行计算。各核算指标价值量计算方法见表4。

表 4　产品供给价值量核算

一级指标	二级指标	三级指标	价值量计算方法
农产品供给价值	谷物	稻谷	产值法
		大小麦	产值法
	杂粮	玉米	产值法
		高粱	产值法
		谷子	产值法
		其他	产值法
	薯类	甘薯	产值法
		马铃薯	产值法
	豆类	大豆	产值法
		绿豆	产值法
		小红豆	产值法
	油料	花生	产值法
		芝麻	产值法
		葵花籽	产值法
	棉花	棉花	产值法
	生麻	生麻	产值法
	甘蔗	甘蔗	产值法
	烟叶	烟叶	产值法
	蔬菜	蔬菜	产值法
	中草药材	中草药材	市场价格法
	野生植物	野生药材等	产值法
	茶叶	红茶	产值法
		绿茶	产值法
		青茶	产值法
		其他茶叶	产值法
	食用菌	食用菌	市场价格法
	水果	苹果	产值法
		柑橘	产值法
		梨	产值法
		枇杷	产值法
		杨梅	产值法
		桃子	产值法
		柿子	产值法
		葡萄	产值法

一级指标	二级指标	三级指标	价值量计算方法
农产品供给价值	特色作物	木薯	产值法
		莲籽	产值法
		蕉芋	产值法
畜产品供给价值	肉类	猪肉	产值法
		牛肉	产值法
		羊肉	产值法
		禽肉	产值法
		兔肉	产值法
	禽蛋	禽蛋	市场价格法
	捕猎	野兽、野禽	市场价格法
	其他	蜂蜡	产值法
		蜂蜜	产值法
木材及林副产品供给价值	林产品	油桐籽	产值法
		山苍子	产值法
		油茶籽	产值法
		棕片	产值法
		松脂	产值法
		竹笋	产值法
		茅草	产值法
水产品供给价值	淡水产品	鱼类	产值法
		虾蟹类	产值法
		贝类	产值法
		其他	产值法
水资源供给价值	用水量	农村用水量	市场价格法
		生活用水量	市场价格法
		工业用水量	市场价格法
		生态用水量	市场价格法
能源供给价值	沼气	沼气利用量	市场价格法
	水利	水利发电量	市场价格法

3.2 气候调节服务实物量与价值量核算方法

3.2.1 固碳调节服务

3.2.1.1 核算思路与方法概述

本书主要计算了森林、湿地、草地 3 种生态系统因生物量（包括地上生物量和地下生物量）增加带来的固碳量。没有考虑土壤碳库、枯落物碳库和枯死木碳库变化，没有考虑土地利用转化，没有计算泥炭地、水淹地等湿地固碳量。农田分为一年生农田和多年生农田（果园等），其中多年生农田可以在单一年份内通过 NPP 计算其固碳释氧量。但一年生农田由于在一年时间内完成播种、成长、收割等一系列全过程，最后所有物质基本都会通过回田或焚烧形式，使 CO_2 重新释放到大气中，因此一年生农田在单一年份中可以认为其固碳释氧量为零。由于遥感数据不能区分一年生农田和多年生农田，在此对所有农田部分都不做考虑，也没有计算多年生农田的固碳部分。

3.2.1.2 实物量核算方法

森林、草地和湿地固碳：

净生态系统生产力（NEP）是定量化分析生态系统碳源/汇的重要科学指标，生态系统固碳量可以用 NEP 衡量。NEP 广泛应用于碳循环研究中，NEP 可由净初级生产力（NPP）减去异氧呼吸消耗得到，或根据 NPP 与 NEP 的相关转换系数换算得到，然后测算出陆地生态系统固定二氧化碳的质量：

$$Q_{tCO_2} = M_{CO_2} / M_C \times NEP \qquad (24)$$

式中：Q_{tCO_2} —— 陆地生态系统固碳量，t/a；

M_{CO_2} / M_C —— 44/12；

NEP —— 净生态系统生产力，t/a。

其中，净生态系统生产力（NEP）有两种算法：

（1）由净初级生产力（NPP）减去异氧呼吸消耗得到。

$$NEP = NPP - RS \qquad (25)$$

式中：NEP —— 净生态系统生产力，t/a；

NPP —— 净初级生产力，t/a；

RS —— 土壤呼吸消耗碳量，t/a。

（2）按照各省份 NEP 和 NPP 的转换系数，根据 NPP 计算得到 NEP。

$$NEP = \alpha \times NPP \times M_{C_6} / M_{C_6H_{10}O_5} \qquad (26)$$

式中：NEP —— 净生态系统生产力，t/a；

α —— NEP 和 NPP 的转换系数；

NPP —— 净初级生产力，t/a；

$M_{C_6} / M_{C_6H_{10}O_5}$ =72/162 为干物质转化为 C 的系数。

土壤固碳：

$$Q_{SCO_2} = \sum_i^n A_i \times S_i \qquad (27)$$

式中，Q_{SCO_2} —— 土壤固碳量，t/a；

A_i —— 不同生态系统的土壤面积，hm^2；

S_i —— 不同生态系统实测土壤固碳量，$t / (hm^2 \cdot a)$。

3.2.1.3 价值量核算方法

生态系统固碳价值可以采用替代成本法（造林成本法、工业减排成本）与市场价值法（碳交易价格）核算。固碳的价值量采用实物量与价格相乘的方式计算：

$$V_{T_C} = T_C \times P_{CO_2} \qquad (28)$$

式中，V_{T_C} —— 生态系统固碳价值量，元/a；

P_{CO_2} —— 碳交易市场价格，元/t。

3.2.2 释氧调节服务

3.2.2.1 核算思路与方法概述

生态系统中植物吸收 CO_2 的同时释放 O_2，不仅对全球的碳循环有着显著影响，也起到调节大气组分的作用。生态系统释氧功能主要通过光合作用实现，大部分情况下与固碳功能同步进行。

目前所有文献中有关释氧的计算机理都是依据植物的光合作用基本原理，植物每固定 1 gCO_2，就会释放 0.73 gO_2。本书直接考虑固碳和释氧的比例，在固碳量的计算基础上计算释氧量。

3.2.2.2 实物量核算方法

根据植物的光合作用基本原理，植物每固定 1 gCO_2，就会释放 0.73 gO_2。以此为基础，从生态系统的净初级生产力物质量可以测算出生态系统释放 O_2 的物质量。NEP 可由净初级生产力（NPP）减去异氧呼吸消耗得到，或根据 NPP 与 NEP 的相关转换系数获得，然后测算出生态系统释放氧气的质量：

$$Q_{op} = M_{O_2} / M_{CO_2} \times Q_{CO_2} \qquad (29)$$

式中，Q_{op} —— 生态系统释氧量，tO_2/a；

M_{O_2} / M_{CO_2} =32/44 为 CO_2 转化为 O_2 的系数；

Q_{CO_2} —— 生态系统固碳量，tC/a。

3.2.2.3 价值量核算方法

采用全国植被净初级生产力（NPP）与造氧价格来评价生态系统氧气供给价值。

$$V_o = P_o \times \text{OP} \tag{30}$$

式中，V_o —— 植被产氧的价值，元/a；

OP —— 制氧成本，元/t。

实物量核算过程中采用的参数都和固碳实物量核算过程中采用的参数相同。O_2 价格在《森林生态系统服务功能评估规范》（LY/T 1721—2008）推荐价格的基础上折现到核算年的现值。

3.2.3 微气候调节服务

3.2.3.1 核算思路与方法概述

生态系统气候调节功能是生态系统通过蒸腾作用与光合作用，在水面蒸发过程使大气温度降低、湿度增加的生态效应。生态系统利用植物的树冠遮挡阳光，减少阳光对地面的辐射热量，有降温效能；并通过光合作用吸收大量的太阳光能，减少光能向热能的转变，减缓了气温的升高。同时，生态系统通过蒸腾作用，将植物体内的水分以气体形式通过气孔扩散到空气中，使太阳光的热能转化为水分子的动能，消耗热量，降低空气温度，增加空气的湿度。

3.2.3.2 实物量核算方法

采用森林生态系统蒸腾、蒸发消耗的总能量作为气候调节的实物量。

$$E_{pt} = \text{EPP}_i \times S_i \times D \times 10^6 / 3\,600 \tag{31}$$

式中：E_{pt} —— 生态系统植被蒸腾消耗的能量，kW·h/a；

EPP$_i$ —— i 类生态系统单位面积蒸腾消耗热量，kJ/（m^2·d）；

S_i —— i 类生态系统面积，km^2；

D —— 日最高气温大于 26℃的天数。

3.2.3.3 价值量核算方法

森林生态系统气候调节价值包括生态系统蒸发吸收热量降低温度和调节空气湿度带给人类的利益。常用的方法为替代成本法，即采用空调等效降温和加湿器等效增湿需要耗电的价格来计算。

$$V_{pt} = (E_{pt} / r) \times P_R \tag{32}$$

式中：V_{pt} —— 调节温度的价值，元/a；

　　r —— 空调能效比；

　　P_R —— 电价，元/kW·h，以电能作为太阳能的替代产品。

3.3　环境质量调节服务实物量与价值量核算方法

环境质量调节服务功能包括大气环境净化、水质净化 2 个部分，核算技术路线见图 2。

图 2　纳污调节服务核算方法技术路线

3.3.1　大气环境净化

3.3.1.1　核算思路与方法概述

大气环境净化功能是指绿色植物在其抗生范围内通过叶片上的气孔和枝条上的皮孔吸收空气中的有害物质，在体内通过氧化还原过程转化为无毒物质；同时能依靠其表面特殊的生理结构（如绒毛、油脂和其他黏性物质），对空气粉尘具有良好的阻滞、过滤和吸附作用，从而能有效净化空气，改善大气环境。空气净化功能主要体现在净化污染物和阻滞粉尘方面。

3.3.1.2　实物量核算方法

大气环境净化功能核算依据污染物浓度是否超过环境空气功能区质量标准而选择不同的方法。若污染物浓度未超过环境空气功能区质量标准,则采用方法 1 核算污染物净化量;若污染物浓度超过环境空气功能区质量标准,则采用方法 2 核算污染物净化量。环境空气功能区质量标准见附录 4。

大气环境净化服务——方法 1:如果污染物排放量未超过环境空气功能区质量标准,则采用污染物排放量核算实物量。

$$Q_{ap} = \sum_{i=1}^{n} Q_i \qquad (33)$$

式中:Q_{ap} —— 大气污染物排放总量,kg/a;

$\quad\quad Q_i$ —— 第 i 类大气污染物排放量,kg/a;

$\quad\quad i$ —— 污染物类别,$i = 1,2,\cdots,n$,量纲一;

$\quad\quad n$ —— 大气污染物类别的数量,量纲一。

大气环境净化服务——方法 2:如果污染物排放量超过环境空气功能区质量标准,则采用生态系统自净能力核算实物量。

$$Q_{ap} = \sum_{i=1}^{m} \sum_{j=1}^{n} Q_{ij} \times A_i \qquad (34)$$

式中:Q_{ap} —— 生态系统空气净化能力,kg/a;

$\quad\quad Q_{ij}$ —— 第 i 类生态系统第 j 种大气污染物的单位面积净化量,kg/km²·a;

$\quad\quad i$ —— 生态系统类型,$i = 1,2,\cdots,m$,量纲一;

$\quad\quad j$ —— 大气污染物类别,$j = 1,2,\cdots,n$,量纲一;

$\quad\quad A_i$ —— 第 i 类生态系统类型面积,km²;

$\quad\quad m$ —— 生态系统类型的数量,量纲一;

$\quad\quad n$ —— 大气污染物类别的数量,量纲一。

3.3.1.3 价值量核算方法

大气环境净化价值量计算采用替代成本法,通过工业治理大气污染物成本评估生态系统空气净化价值。二氧化硫、氮氧化物、烟粉尘净化价值计算方法:运用二氧化硫、氮氧化物、烟粉尘 3 种污染物大气净化实物量,分别乘以单位二氧化硫、氮氧化物、烟粉尘处理的费用,核算大气净化价值。

$$V_a = \sum_{i=1}^{3} c_i \times Q_i \qquad (35)$$

式中,V_a —— 生态系统大气环境净化的价值,万元;

$\quad\quad c_i$ —— 治理大气污染物的成本,元/t;

Q_i —— 年污染物大气净化实物量（二氧化硫、氮氧化物、烟粉尘），万 t。

3.3.2　水质净化

3.3.2.1　核算思路与方法概述

水质净化功能是指水环境通过一系列物理和生化过程对进入其中的污染物进行吸附、转化以及生物吸收等，使水体生态功能部分或完全恢复至初始状态的能力。

3.3.2.2　实物量核算方法

水质净化功能核算依据污染物浓度是否超过地表水水域环境功能和保护目标而选择不同的方法。若污染物浓度未超过地表水水域环境功能标准限值，则采用方法 1 进行核算；若污染物排放浓度超过地表水水域环境功能标准限值，则采用方法 2 进行核算。地表水水域环境功能标准限值见附录 5。

水质净化功能—方法 1：如果污染物排放量未超过地表水水域环境功能标准限值，则采用污染物排放量核算实物量。

$$Q_{wp} = \sum_{i=1}^{n} P_i \tag{36}$$

式中：Q_{wp} —— 水体污染物净化量，kg/a；

P_i —— i 类污染物排放量，kg/a，包括总氮、总磷、COD 等；

i —— 污染物类别，$i = 1，2，\cdots，n$，量纲一；

n —— 水体污染物类别的数量，量纲一。

水质净化功能—方法 2：如果污染物排放量超过地表水水域环境功能标准限值，根据生态系统的自净能力核算实物量。

$$Q_{wp} = \sum_{i=1}^{m} \sum_{j=1}^{n} P_{ij} \times A_i \tag{37}$$

式中：Q_{wp} —— 污染物净化总量，kg；

P_{ij} —— 某种生态系统单位面积污染物净化量，kg/km^2；

A_i —— 生态系统面积，km^2；

$i = 1，2，\cdots，m$，量纲一；

m —— 生态系统类型的数量，量纲一；

j —— 污染物类别，$j = 1，2，\cdots，n$，量纲一；

n —— 水体污染物类别的数量，量纲一。

3.3.2.3　价值量核算方法

水质净化价值量计算采用替代成本法，通过工业治理水污染物成本评估生态系统水质净化价值。化学需氧量、氨氮净化价值计算方法：运用化学需氧量、氨氮两种污染物水质净化实物量，分别乘以单位化学需氧量、氨氮处理的费用，核算水质净化价值。

$$V_w = \sum_{i=1}^{2} c_i \times Q_i \tag{38}$$

式中：V_w —— 生态系统水质净化的价值，万元；

　　　c_i —— 治理水体污染物的成本，元/t；

　　　Q_i —— 污染物水质净化实物量（COD、氨氮），万 t。

3.4　水文调节服务实物量与价值量核算方法

3.4.1　水源涵养

3.4.1.1　核算思路与方法概述

水源涵养服务是森林生态系统拦截滞蓄降水，增强土壤下渗、蓄积，涵养土壤水分、调节暴雨径流和补充地下水，增加可利用水资源的功能。水源涵养量大的地区不仅可以满足核算区内生产生活的水源需求，还可以持续地向区域外提供水资源。核算中选用水源涵养量，作为生态系统水源涵养实物量的评价指标。

3.4.1.2　实物量核算方法

水源涵养的实物量通过水量平衡方程计算。水量平衡方程是指在一定的时空内，水分在生态系统中保持质量守恒，即生态系统水源涵养量是降水输入与暴雨径流和生态系统自身水分消耗量的差值。

$$Q_{wr} = \sum_{i=1}^{n} A_i \times (P_i - R_i - \mathrm{ET}_i) \times 10^{-3} \tag{39}$$

式中，Q_{wr} —— 水源涵养量，m^3/a；

　　　P_i —— 产流降雨量，mm/a；

　　　R_i —— 地表径流量，mm/a；

　　　ET_i —— 蒸散发量，mm/a；

　　　A_i —— i 类生态系统的面积，m^2；

　　　i —— 生态系统类型；

　　　n —— 生态系统类型总数。

3.4.1.3　价值量核算方法

水源涵养价值主要表现在蓄水保水的经济价值。可运用影子工程法，即模拟建设蓄水量与生态系统水源涵养量相当的水利设施，以建设该水利设施所需要的成本核算水源涵养价值。

$$V_{wr} = Q_{wr} \times C_{we} \qquad (40)$$

式中：V_{wr} —— 水源涵养价值，元/a；

$\quad\quad Q_{wr}$ —— 核算区内总的水源涵养量，m³/a；

$\quad\quad C_{we}$ —— 水库单位库容的工程造价，元/m³。水库单位库容的工程造价及维护成本等数据来自发改委、水利等部门发布的工程预算依据，或公开发表的参考文献。在此基础上根据价格指数折算得到核算年份的价格。

3.4.2 洪水调蓄

3.4.2.1 核算思路与方法概述

洪水调蓄功能是指生态系统所特有的生态结构能够吸纳大量的降水和过境水，蓄积洪峰水量，削减并滞后洪峰，以缓解汛期洪峰造成的威胁和损失的功能。本项目以水库为核算对象，防洪库容是指水库防洪限制水位至防洪高水位间的水库容积，是水库用于蓄滞洪水、发挥其防洪效益的部分。作为水库重要特征值，在实际中防洪库容数据往往难以获取，而总库容数据的收集则相对容易。

3.4.2.2 实物量核算方法

本书以防洪库容表征水库的洪水调蓄能力，根据全国水库洪水调蓄功能评价模型，利用基于已有防洪库容与总库容之间的数量关系建立的经验方程，通过水库总库容推测其防洪库容，从而计算得出各级水库的洪水调蓄能力。

$$C_f = 0.35 \times C_t \,(N = 460,\ R^2 = 0.81) \qquad (41)$$

式中，C_f —— 水库防洪库容，m³/a；

$\quad\quad C_t$ —— 水库总库容，m³。

3.4.2.3 价值量核算方法

运用替代成本法（即水库的建设成本）核算洪水调蓄价值。

$$V_f = C_f \times Q_f \qquad (42)$$

式中：V_f —— 生态系统洪水调蓄价值，元/a；

$\quad\quad C_f$ —— 生态系统洪水调蓄量，m³/a；

$\quad\quad Q_f$ —— 水库单位库容的工程造价成本，元/m³。

3.5 土壤保持服务实物量与价值量核算方法

3.5.1 核算思路与方法描述

土壤保持功能是生态系统（如森林、草地等）通过林冠层、枯落物、根系等各个层次保护土壤、削减降雨侵蚀力，增加土壤抗蚀性，减少土壤流失，保持土壤的功能。

选用土壤保持量，即生态系统减少的土壤侵蚀量（用潜在土壤侵蚀量与实际土壤侵蚀量的差值测度）作为生态系统土壤保持功能的评价指标。其中，实际土壤侵蚀量是指当前地表植被覆盖情形下的土壤侵蚀量，潜在土壤侵蚀量是指没有地表植被覆盖情形下可能发生的土壤侵蚀量。

3.5.2 实物量核算方法

通用土壤流失方程（USLE）是世界范围内应用最广泛的土壤侵蚀预报模型，本书选取 USLE 模型进行武夷山市土壤保持功能评估。

土壤侵蚀量：

$$A = R \times K \times LS \times C \times P \tag{43}$$

土壤保持量：

$$SC = R \times K \times LS \times (1 - C \times P) \tag{44}$$

式中：A —— 年土壤侵蚀量，t/（hm²·a）；

SC —— 年土壤保持量，t/（hm²·a）；

R —— 降雨侵蚀力因子，MJ·mm/（hm²·h·a）；

LS —— 坡长坡度因子，量纲一；

C —— 植被覆盖因子，量纲一；

P —— 水土保持措施因子，量纲一。

（1）降雨侵蚀力因子 R 的估算。

$$R = \sum_{i=1}^{12}(-1.552\,7 + 0.179\,2P_i) \tag{45}$$

式中，R —— 降雨侵蚀力因子，MJ·mm/（hm²·h·a）；

P_i —— 月降雨量，mm。

（2）土壤可侵蚀因子 K 值的估算。

$$K = 10^{-3}(160.80 - 2.31x_1 + 0.38x_2 + 2.26x_3 + 1.31x_4 + 14.67x_5) \tag{46}$$

式中，x_1、x_2、x_3、x_4、x_5 分别表示细砾、细砂、粗粉粒、细粉粒、

有机质的百分含量。在此公式中，要求土壤颗粒分析标准为美国制，而我国土壤普查一般采用国际制，因此需进行质地转换。转换方程为 $y = ax^b$ 和 $y = ax^2 + bx + c$。方程中，$x = \ln p$，p 为粒径大小，mm；y 是小于 p 粒径的累计颗粒含量百分数，%。

（3）地形因子 LS 值的估算。通过数字高程模型（DEM），计算获得坡长和坡度，然后获得 LS 的空间分布特征：

$$LS = 0.08L^{0.35}a^{0.6} \qquad (47)$$

式中：L —— 坡长，m；

a —— 百分比坡度。

（4）地表覆盖因子 C 值的估算。地表覆盖因子是根据地面植被覆盖状况不同来反映植被对土壤侵蚀影响的因素，与土地利用类型、植被覆盖度密切相关。C 值的估算采用如下公式：

$$C = \begin{cases} 1 & (f_c = 0.1) \\ 0.650\,8 - 0.343\,6 \lg f_c & (0.1 < f_c \leqslant 78.3\%) \\ 0 & (f_c > 78.3\%) \end{cases} \qquad (48)$$

$$f_c = \frac{(\mathrm{NDVI} - \mathrm{NDVI_{soil}})}{(\mathrm{NDVI_{max}} - \mathrm{NDVI_{soil}})} \qquad (49)$$

式中，f_c —— 植被覆盖度；

$\mathrm{NDVI_{soil}}$ —— 纯裸土像元的 NDVI 值；

$\mathrm{NDVI_{max}}$ —— 纯植被像元的 NDVI 值。

（5）土壤保持措施因子 P 值的估算。P 为实施土壤保持措施后土壤流失量与顺坡种植土壤流失量的比值。本书中耕地的 P 值为 0.15，其他土地利用类型取值为 1.00，在 GIS 软件下生成 P 因子栅格图。

3.5.3 价值量核算方法

生态系统土壤保持价值核算运用替代工程法，计算减轻泥沙淤积灾害的经济价值。按照我国主要流域的泥沙运动规律，全国土壤侵蚀流失的泥沙 24% 淤积于水库、河流、湖泊中，需要清淤作业消除影响。

$$V_{1n} = (24\% \times \mathrm{SC} \times C / \rho) / 10\,000 \qquad (50)$$

式中，V_{1n} —— 土壤保持的经济效益，万元；

A_c —— 土壤保持量，t；

C —— 清淤费用，元/m³；

ρ —— 土壤容重，t/m^3。

3.6 文化服务实物量与价值量核算方法

3.6.1 核算思路与方法概述

旅游景区是森林、草地、水体、裸岩、河滩等综合性区域性地域环境，其旅游文化服务价值主要体现在人们利用平时空闲的时间，自由地在以美丽的自然景观和优美的森林生态环境为主要游憩资源的环境中，以获得愉快及欢悦感受为目的的一切游戏活动的总和。

文化服务资源的使用价值和基础性，主要体现在对游客的吸引力。随着社会的进步、经济的发展、科学技术的进步、人们的认知不断加深，人们旅游需要的多样化、个性化旅游资源的范畴也在不断扩大，包括物质性、非物质性的旅游资源，也包括有形、无形的旅游资源。文化服务价值的评价要从客观实际出发，将文化服务资源所处地域的区位、环境、客源、经济发展水平、交通状况、旅游开发情况和邻近区域旅游状况等均纳入评价范畴，进行系统评价。充分运用合理恰当的知识、理论和科学的评价方法、模型，指导文化服务资源的价值评价工作。

文化服务资源货币化价值评价的方法主要分为 3 种类型：一是直接市场评价法，包括机会成本法、人力资本法、重置成本法、损害函数法、生产函数法、计量-反应法、生产率变动法等；二是揭示偏好法，包括旅行费用法（Travel Cost Method，TCM）、内涵资产定价法、防护支出法等；三是陈述偏好法，如条件价值法（Contingent Valuation Method，CVM）等，包括区域旅行费用法（Zonal Travel Method，ZTCM）和个人旅行费用法（Individual Travel Cost Method，ITCM）。在本次核算过程中延续 2015 年武夷山市文化服务功能核算方法，采用 ZTCM 方法进行核算。

3.6.2 实物量核算方法

采用区域内自然景观的年旅游总人次作为文化服务的实物量评价指标。

$$N_t = \sum_{i=1}^{n} N_{ti} \tag{51}$$

式中，N_t —— 游客总人数；

N_{ti} —— 第 i 个旅游区的人数；

n —— 旅游区个数，$i=1$，2，$\cdots$，n。

3.6.3 价值量核算方法

运用旅行费用法核算人们通过休闲旅游活动体验的生态系统与自然景观美学价值,并获得知识和精神愉悦的非物质价值。

$$V_r = \sum_{j=1}^{J} N_j \times TC_j \qquad (52)$$

$$TC_j = T_j \times W_j + C_j \qquad (53)$$

$$C_j = C_{tc,j+}C_{lf,j+}C_{ef,j} \qquad (54)$$

式中, V_r —— 被核算地点的休闲旅游价值,元/a;

N_j —— j 地到核算地区旅游的总人数,人/a;

J —— 来被核算地点旅游的游客所在区域(区域按距离核算地点的距离画同心圆,如省内、省外等);

TC_j —— 来自 j 地的游客的平均旅行成本,元/人;

T_j —— 来自 j 地的游客用于旅途和核算旅游地点的平均时间,d/人;

W_j —— 来自 j 地的游客的当地平均工资,元/(人·d);

C_j —— 来自 j 地的游客花费的平均直接旅行费用,元/人,其中包括游客从 j 地到核算区域的交通费用 $C_{tc,j}$、食宿花费 $C_{lf,j}$ 和门票费用 $C_{ef,j}$; $j = 1,2\cdots$。

附录 4 环境空气污染物浓度限值

污染物	平均时间	年平均浓度限值		单位
		一级	二级	
二氧化硫	年平均	20	60	$\mu g/m^3$
二氧化氮	年平均	40	40	
PM$_{10}$	年平均	40	70	
PM$_{2.5}$	年平均	15	35	

注：环境空气功能区分为两类，一类区为自然保护区、风景名胜区和其他需要特殊保护的区域；二类区为居住区、商业交通居民混合区、文化区、工业区和农村地区。一类区适用一类浓度限值，二类区适用二类浓度限值。核算过程中，将核算区域大气污染物监测点位的算术平均值与所在功能区的空气浓度限值进行比较，来确定核算方法。

附录5 地表水污染物浓度限值

污染物	Ⅰ类	Ⅱ类	Ⅲ类	Ⅳ类	Ⅴ类
化学需氧量	15	15	20	30	40
氨氮	0.15	0.5	1	1.5	2

注：地表水水环境功能分为五类，Ⅰ类适用于源头水、国家自然保护区；Ⅱ类适用于集中式生活饮用水地表水源地一级保护区、珍稀水生生物栖息地、鱼虾类产卵场、仔稚幼鱼的索饵场等；Ⅲ类适用于集中式生活饮用水地表水源地二级保护区、鱼虾类越冬场、洄游通道、水产养殖区等渔业水域及游泳区；Ⅳ类适用于一般工业用水区及人体非直接接触的娱乐用水区；Ⅴ类适用于农业用水区及一般景观要求水域。核算过程中，将核算区域水质监测断面的污染物浓度算术平均值与所在功能区的污染物浓度限值进行比较，来确定核算方法。